RUPESH KUMAR TIPU

Desenvolvimento Web simplificado: Django Essentials

RUPESH KUMAR TIPU

Desenvolvimento Web simplificado: Django Essentials

ScienciaScripts

Imprint

Cover image: www.ingimage.com

This book is a translation from the original published under ISBN 978-620-7-47350-2.

Publisher:
Sciencia Scripts
is a trademark of
Dodo Books Indian Ocean Ltd. and OmniScriptum S.R.L publishing group

120 High Road, East Finchley, London, N2 9ED, United Kingdom
Str. Armeneasca 28/1, office 1, Chisinau MD-2012, Republic of Moldova, Europe
Printed at: see last page
ISBN: 978-620-8-07411-1

Conteúdo

Palavras-chave: Django, WebSockets, APIs RESTful, tarefas assíncronas, Celery, integração de terceiros, funcionalidades em tempo real.

PREFÁCIO

"Web Development Simplified: Django Essentials" é meticulosamente elaborado para guiá-lo através da intrincada jornada de desenvolvimento web usando Django, um dos frameworks mais robustos e amplamente utilizados no ecossistema Python. Este livro é um farol para aqueles que aspiram a navegar no vasto mundo do desenvolvimento web, desde os principiantes que procuram compreender os conceitos fundamentais até aos programadores intermédios que pretendem solidificar a sua compreensão e aperfeiçoar as suas competências.

O Django, célebre pela sua filosofia "batteries-included", oferece um conjunto abrangente de ferramentas e funcionalidades, permitindo aos programadores criar aplicações Web seguras, escaláveis e de fácil manutenção de forma eficiente. Este livro desmistifica o framework Django, elucidando seus princípios subjacentes e como ele simplifica o processo de desenvolvimento web através de seu design pragmático e abundância de recursos embutidos.

Estruturado para promover uma compreensão profunda e intuitiva do Django, o livro começa com uma visão geral fundamental, introduzindo a filosofia central do Django, componentes e sua arquitetura Model-TemplateView (MTV). Ele navega progressivamente através da criação e configuração de projetos Django, mergulhando em modelos, visualizações, modelos e o Django ORM, que coletivamente formam a espinha dorsal de qualquer aplicação Django.

A jornada continua com uma exploração da poderosa interface de administração do Django, roteamento de URL sofisticado, mecanismos de autenticação de usuário e relacionamentos de modelo avançados. Capítulos práticos sobre como lidar com arquivos estáticos e de mídia, formular formulários e implementar APIs RESTful usando o Django REST Framework fornecem insights práticos sobre a construção de sites dinâmicos e orientados a dados.

Para além do essencial, o livro aventura-se em territórios avançados, incluindo a personalização das funcionalidades incorporadas do Django, a otimização do desempenho da aplicação e a extensão das capacidades do Django com pacotes de terceiros. A discussão diferenciada sobre tarefas assíncronas, comunicação em tempo real com WebSockets e estratégias de implantação garante que você esteja bem equipado para enfrentar os desafios de desenvolvimento do mundo real.

"Desenvolvimento Web Simplificado: Django Essentials" não serve apenas como um guia abrangente para dominar o Django, mas também incorpora uma referência, um companheiro e um roteiro para melhorar a sua proeza de desenvolvimento web. Os apêndices fornecem acesso rápido às ferramentas de linha de comando do Django, padrões comuns, antipadrões e uma série de recursos para aprendizagem e exploração contínuas, garantindo que a sua jornada com o Django seja esclarecedora e gratificante.

Embarque nesta viagem transformadora para desbloquear o potencial do Django e arme-se com os conhecimentos e as competências para criar aplicações Web excepcionais, moldando assim o seu caminho para se tornar um programador Django proficiente.

CAPÍTULO 1

Introdução ao Django

No livro, é fundamental incorporar um amplo espetro de recursos que, coletivamente, enriquecem a compreensão do leitor sobre o Django e as práticas de desenvolvimento web. Começando com trabalhos fundamentais como os de Holovaty e Kaplan-Moss (2009) e Greenfeld e Roy (2014), o leitor ganha uma visão da filosofia do Django e das melhores práticas que são cruciais para o desenvolvimento eficaz de aplicações web. O guia prático de Mele (2018) exemplifica ainda mais a aplicação do Django na construção de aplicações Web escaláveis e robustas, fornecendo aos leitores exemplos concretos e ideias acionáveis.

O livro de Vincent (2019) serve como uma excelente cartilha para iniciantes, oferecendo um guia claro e passo-a-passo para o desenvolvimento web com Django, garantindo que os conceitos fundamentais sejam solidificados. Para desenvolvedores interessados nas melhores práticas do Python, os insights de Ziade (2008) são inestimáveis, oferecendo profundidade nos princípios Pythonic que melhoram as aplicações Django. Explorar frameworks como Rails através do trabalho de Heinemeier Hansson (2011) também pode oferecer aos desenvolvedores de Django uma perspetiva comparativa, enriquecendo sua compreensão de frameworks web.

A exploração abrangente de Tracy (2016) sobre o Django é indispensável para aqueles que desejam se aprofundar no framework, cobrindo tópicos avançados que são essenciais para desenvolvedores experientes. O foco de Elman e Lavin (2020) na construção de aplicativos Django leves é crucial para desenvolvedores que desejam otimizar o desempenho e a eficiência. Além disso, a ênfase de Percival (2014) no desenvolvimento orientado a testes é crucial para garantir a confiabilidade e a capacidade de manutenção dos aplicativos Django.

A abordagem do livro de receitas de Aspen (2017) é particularmente útil para os programadores que procuram soluções práticas para desafios comuns de desenvolvimento Web, oferecendo uma grande quantidade de receitas que abrangem uma vasta gama de funcionalidades Django. O trabalho de Deb e Mertz (2020) sobre Django 3 apresenta o que há de mais recente em desenvolvimento web Django, guiando os leitores através da criação de aplicações dinâmicas. O curso intensivo de Feldroy (2020) é um excelente recurso para aprendizagem rápida, fornecendo uma rápida introdução aos fundamentos do framework.

Para aqueles interessados em expandir seus conhecimentos para o desenvolvimento de API, o foco de Bennett e Mehmood (2015) em serviços web Django RESTful é fundamental, abordando a crescente necessidade de desenvolvedores de backend para dominar a construção de API. Tópicos avançados do Django, como discutido por McGovern e Juckett (2019), também são essenciais para os desenvolvedores que procuram escalar e manter seus aplicativos da web de forma eficaz. Por fim, o Python Cookbook de Beazley e Jones (2013), embora não seja exclusivamente sobre Django, fornece um tesouro de soluções Python que são frequentemente aplicáveis no desenvolvimento Django, melhorando o conjunto de ferramentas do desenvolvedor para lidar com tarefas e desafios comuns no desenvolvimento web.

1.1 Entendendo o Django: Visão geral e filosofia central

Django, uma estrutura web Python de alto nível, encoraja o desenvolvimento rápido e um design limpo e pragmático. Criada por programadores experientes, trata de grande parte do incómodo do desenvolvimento Web, permitindo-lhe concentrar-se em escrever a sua aplicação sem ter de reinventar a roda. É gratuito, de código aberto e tem uma comunidade ativa que o está constantemente a melhorar.

A filosofia central do Django gira em torno de vários princípios-chave:

- **Não se repita (DRY)**: Este princípio é sobre reduzir a repetição dentro do seu código. O Django encoraja-o a construir aplicações e componentes reutilizáveis, assegurando que cada pedaço de informação é representado apenas uma vez na sua aplicação.

- **Explícito é melhor que implícito**: Django segue a filosofia de explicitação do Python. O framework é projetado para que a lógica interna de suas aplicações seja clara e não escondida atrás de um comportamento mágico.
- **Desenvolvimento rápido**: O Django foi concebido para ajudar os programadores a levar as aplicações do conceito à conclusão o mais rapidamente possível, promovendo um processo de desenvolvimento rápido.

Esta filosofia manifesta-se na extensa mas coerente caixa de ferramentas do Django que inclui tudo o que é necessário para construir aplicações web robustas.

1.2 Configurando o ambiente de desenvolvimento do Django

A configuração do Django envolve alguns passos chave, assegurando que tem um ambiente sólido para construir as suas aplicações web. Primeiro, certifique-se de ter o Python instalado, já que o Django é um framework Python. Com o Python instalado, você pode instalar o Django usando pip, o instalador de pacotes do Python. Simplesmente execute:

pip install django

Após a instalação, pode criar um novo projeto Django utilizando o comando:

django-admin startproject myproject

Este comando cria um novo diretório com a configuração necessária para um projeto Django, incluindo o script manage.py, que é a sua ferramenta primária para interagir com o seu projeto.

1.3 Os princípios de design do Django e a sua arquitetura MTV

O projeto do Django adota o padrão de arquitetura Model-Template-View (MTV) como mostrado na **Figura 1 - 1**, que é uma variação do popular padrão Model-View-Controller (MVC). Os componentes chave são:

- **Modelo**: Define a estrutura de dados. Estas são classes Python que definem os campos e comportamentos

dos dados que está a armazenar. Django fornece um poderoso ORM (Object-Relational Mapping) para traduzir esses modelos em tabelas de banco de dados.

- **Modelo**: Gerencia a camada de apresentação. Os modelos são ficheiros HTML que permitem expressões do tipo Python para a apresentação de conteúdos dinâmicos. Definem a estrutura e a disposição da página Web produzida, respondendo aos dados de contexto que lhes são transmitidos pela vista.
- **Vista**: A camada de lógica comercial. As vistas são funções ou classes Python que recebem pedidos Web e devolvem respostas Web. As vistas acedem aos dados através de modelos e delegam a formatação nos modelos.

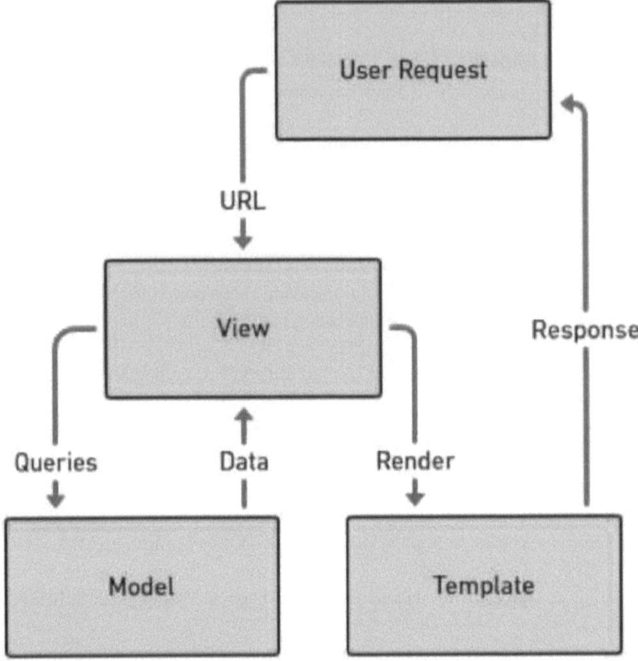

Figura 1 - 1. Arquitetura de funcionamento do Django Model View Template

No Django, a parte do controlador (o "C" em MVC) é tratada pelo próprio framework. Ele se encarrega de enviar o pedido para a visão apropriada, de acordo com a configuração de URL do Django.

Esta estrutura MTV assegura uma separação clara das preocupações, dividindo a sua aplicação Web em componentes distintos, mas interligados (ver **Figura 1 - 2**). Essa estrutura promove uma abordagem modular, facilitando bases de código escaláveis e de fácil manutenção. Ao aderir a esses princípios, o Django permite que os desenvolvedores criem sites complexos, orientados a banco de dados, de forma eficiente e eficaz.

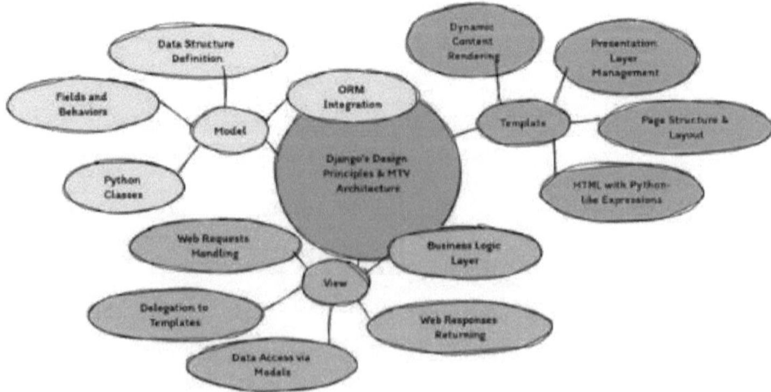

Figura 1 - 2. princípios de conceção do Django e arquitetura MVT

CAPÍTULO 2

Seu primeiro projeto Django

2.1 Criando um novo projeto e aplicativo Django

Embarcar na sua jornada com Django começa com a configuração do seu primeiro projeto e aplicação. Um projeto Django encapsula as definições e configurações para uma coleção de aplicações, enquanto uma aplicação é uma aplicação web que executa uma função específica dentro do projeto. Esta abordagem estruturada permite que o Django sirva aplicações modulares e reutilizáveis facilmente. Aqui está um guia detalhado para iniciar seu primeiro projeto e aplicativo Django.

2.1.1 Criando um novo projeto Django

1. **Inicializar o projeto**:

- Para criar um novo projeto Django, abra o seu terminal ou prompt de comando e navegue até ao diretório onde pretende que o seu projeto resida.
- Execute o comando **django-admin startproject projectname**, substituindo **projectname** pelo nome do projeto desejado. Este comando gera um novo diretório com o nome do projeto, contendo a estrutura e os arquivos do projeto, incluindo o script crucial **manage.py**, que é usado para gerenciar seu projeto.

2. **Estrutura do projeto**:

- O diretório de projeto recentemente criado incluirá vários ficheiros:

- **manage.py**: Um utilitário de linha de comando que permite que você interaja com o projeto Django.
- **projectname/**: O diretório principal do seu projeto, que contém as definições e as configurações.
- **__init__.py**: Um ficheiro vazio que diz ao Python para tratar o diretório como um Pacote Python.
- **settings.py**: Inclui todas as definições do projeto, incluindo a base de dados configurações, definições de ficheiros estáticos e aplicações instaladas.
- **urls.py**: Contém as declarações de URL para o projeto, uma "tabela de conteúdos" para o seu site com Django.
- **wsgi.py**: Um ponto de entrada para servidores web compatíveis com WSGI para servir seu projeto.

3. **Verificar o projeto**:

- Depois de criar o projeto, navegue para o diretório do projeto utilizando **cd projectname** e execute **python manage.py runserver** para iniciar o servidor de desenvolvimento.
- Abra o seu navegador web e introduza http://127.0.0.1:8000/. Deverá ver o ecrã de boas-vindas do Django, indicando que o projeto foi configurado com êxito.

2.1.2 Criando um novo aplicativo Django

1. **Gerar a aplicação**:

- Enquanto estiver no diretório do projeto, você pode criar uma aplicação Django executando **python manage.py startapp appname**, onde **appname** é o nome da sua aplicação.
- Este comando cria um novo diretório no seu projeto, contendo a estrutura da aplicação. Inclui vários ficheiros como **models.py**, **views.py** e **apps.py** que são utilizados para definir os modelos de dados, as vistas e as configurações da aplicação, respetivamente.

2. **Estrutura da aplicação**:

- O diretório da aplicação terá a seguinte estrutura:

- **migrations/**: Este diretório armazena informações específicas da base de dados relacionadas com os modelos.
- **__init__.py**: Faz com que o Python trate os diretórios como contendo pacotes.
- **admin.py**: Onde você registra seus modelos para incluí-los no painel de administração do Django.
- **apps.py**: Inclui a configuração da aplicação.
- **models.py**: Define os modelos de dados da aplicação.
- **tests.py**: Ficheiro para escrever testes específicos da aplicação.

- **views.py**: Contém as visualizações da sua aplicação, onde define a lógica e a funcionalidade de cada rota.

3. **Integrar a aplicação no projeto**:

- Para incluir a app no seu projeto, tem de a adicionar à lista **INSTALLED_APPS** no ficheiro **settings.py** do seu projeto. Este passo é crucial para que o Django reconheça a app e os seus componentes.
- Abra o ficheiro **settings.py** e localize a lista **INSTALLED_APPS**. Acrescente o nome da aplicação a esta lista. Certifique-se de que utiliza o nome da aplicação tal como definido no seu ficheiro **apps.py**, normalmente no formato **'appname.apps.AppnameConfig'**.

4. **Lançamento e teste**:

- Execute **python manage.py runserver** novamente para iniciar o servidor com a sua nova aplicação integrada.
- Não haverá quaisquer alterações visíveis no ecrã de boas-vindas, mas esta configuração confirma que a sua aplicação faz agora parte do projeto Django e está pronta para desenvolvimento futuro.

A criação de um projeto e aplicativo Django estabelece a base para a construção de seu aplicativo web. Com esta estrutura, pode continuar a desenvolver os modelos, as vistas e os modelos da aplicação, construindo progressivamente a funcionalidade da sua aplicação Web. Esta abordagem modular não só ajuda a manter uma base de código limpa, como também melhora a reutilização das aplicações em diferentes projectos.

2.2 Entendendo a estrutura de projetos e aplicativos do Django

A arquitetura do Django foi concebida em torno do conceito de projectos e aplicações, uma abordagem modular e escalável que assegura uma separação clara de preocupações. Entender essa estrutura é crucial para o desenvolvimento efetivo do Django. Aqui, nós vamos nos aprofundar nas especificidades da estrutura de projetos e aplicações do Django, elucidando como eles se interconectam e funcionam juntos.

2.2.1 Estrutura do projeto Django

Um projeto Django é essencialmente um pacote Python, servindo como um contentor para as suas aplicações, configurações, e o website em geral. Ele fornece as definições e configurações de roteamento necessárias para unir suas aplicações em uma aplicação web completa. Quando você cria um projeto Django, a seguinte estrutura é gerada automaticamente:

- **manage.py**: Esse é um utilitário de linha de comando que permite que você interaja com seu projeto Django de várias maneiras. Ele é um wrapper fino ao redor da ferramenta **django-admin.py**, fornecendo tarefas administrativas como iniciar uma nova aplicação, rodar o servidor, ou sincronizar o banco de dados.
- **Diretório do projeto (nome_do_projecto/)**: Este diretório tem o nome do seu projeto e contém quatro ficheiros-chave:
- **init.py**: Um ficheiro vazio que diz ao Python que o diretório deve ser considerado um pacote Python.
- **settings.py**: Contém toda a configuração do projeto. Isso inclui configurações de banco de dados, chaves de segurança, registro de aplicativos e declarações de middleware.
- **urls.py**: Define as declarações de URL para o projeto. É aqui que você mapeia caminhos de URL para suas visualizações.
- **wsgi.py**: Um ponto de entrada para servidores web compatíveis com WSGI para servir seu projeto. Ajuda durante a implementação, permitindo que o seu projeto seja servido por vários servidores Web.

2.2.2 Estrutura da aplicação Django

Uma app no Django é uma aplicação web que executa uma função específica e pode ser reutilizada em diferentes projetos. Cada app é um pacote Python e pode existir em qualquer lugar no seu caminho Python. Uma estrutura padrão de app inclui:

- **migrations/**: Este diretório armazena ficheiros de migrações - alterações que faz aos seus modelos após a sincronização inicial com a base de dados (como criar um novo modelo ou adicionar um campo a um modelo existente).

- **init.py**: Faz com que o Python trate os diretórios como contendo pacotes, permitindo assim que a aplicação seja reutilizável.
- **admin.py**: Aqui é onde você registra seus modelos para adicioná-los à interface de administração do Django.
- **apps.py**: Inclui a configuração da própria aplicação. Algumas aplicações complexas podem usar este
para incluir definições de configuração.
- **models.py**: Define os modelos de dados da sua aplicação. Cada modelo mapeia para um único banco de dados
mesa.
- **tests.py**: Usado para escrever testes unitários para a funcionalidade do seu aplicativo.
- **views.py**: Contém a lógica e o fluxo de controlo para tratar os pedidos e define as respostas HTTP que podem ser devolvidas.

2.2.3 Como funcionam em conjunto

- **Integração**: As aplicações são integradas num projeto através da definição **INSTALLED_APPS** no no arquivo **settings.py** do projeto. Isso torna o Django ciente das aplicações e inclui suas URLs, templates, e migrações no projeto.
- **Modularidade**: A distinção clara entre projectos e aplicações promove a modularidade, tornando possível ligar aplicações existentes a novos projectos ou transferi-las entre projectos com ajustes mínimos.
- **Reutilização**: Concebidas para serem reutilizáveis, as aplicações podem ser distribuídas e utilizadas em diferentes
projectos, desde que não estejam fortemente associados à lógica específica do projeto.
- **Escalabilidade**: Esta estrutura permite que o projeto seja escalável, adicionando novas aplicações à medida que o projeto cresce,
cada um encapsulando a sua própria funcionalidade, modelos, vistas e modelos.

Compreender a distinção e a relação entre projectos e aplicações Django é fundamental para desenvolver aplicações web robustas. É este design modular que torna o Django excecionalmente escalável e flexível, permitindo aos programadores construir aplicações web sofisticadas de forma eficiente.

2.3 Executando seu servidor Django e explorando a interface de administração

O Django fornece um servidor de desenvolvimento integrado e uma poderosa interface de administração, que são ferramentas essenciais para o desenvolvimento de aplicações web. Executar o servidor Django permite-lhe ver o seu projeto num browser e interagir com ele como os utilizadores fariam. A interface de administração, por outro lado, é uma interface de utilizador pronta a usar para gerir os dados na sua aplicação. Aqui está como você pode executar seu servidor Django e explorar a interface de administração.

2.3.1 Executando o servidor de desenvolvimento Django

1. **Iniciar o servidor**:

- Navegue até ao diretório do seu projeto (onde se encontra **manage.py**) utilizando o terminal ou a linha de comandos.
- Inicie o servidor de desenvolvimento executando o comando: **python manage.py runserver**.
- Por predefinição, o servidor é executado na porta 8000, mas é possível especificar uma porta diferente através de
anexando-o ao comando, como **python manage.py runserver 8080**.

2. **Aceder ao servidor**:

- Abra um navegador web e vá para http://127.0.0.1:8000/. Deverá ver a página de boas-vindas do Django, indicando que o servidor está a funcionar corretamente.
- O servidor de desenvolvimento recarrega automaticamente o seu código Python para cada pedido, conforme necessário. Pode desenvolver o seu site e ver as alterações simplesmente actualizando o browser.

2.3.2 Explorando a interface de administração do Django

A interface de administração do Django é uma das suas caraterísticas mais célebres, permitindo uma interface dinâmica e gerada automaticamente para gerir o conteúdo do site.

1. **Criar um utilizador administrador**:

- Antes de poder utilizar a interface de administração, é necessário criar uma conta de superutilizador. Um superutilizador tem acesso total ao site e pode criar, editar e eliminar quaisquer objectos.

Crie um superutilizador executando **python manage.py Createsuperuser** e siga as indicações para introduzir um nome de utilizador, e-mail e palavra-passe.

2. **Aceder ao site de administração**:

- Uma vez criado o superutilizador, inicie o seu servidor (se ainda não estiver em execução) e navegue para **http://127.0.0.1:8000/admin** no seu browser.
- Faça o login usando a conta de superusuário que você acabou de criar. Você será levado para o painel de administração, uma interface centralizada para todos os recursos habilitados para administração das suas aplicações Django.

3. **Utilizar a interface de administração**:

- A interface de administração é de utilização intuitiva. Apresenta uma lista de todos os modelos registados. Pode clicar num modelo para ver, adicionar, apagar ou editar registos.
- As opções de personalização são extensas. Pode definir a forma como os seus modelos são apresentados, personalizar formulários e até alterar os modelos de administração. O aspeto e a funcionalidade do administrador podem ser adaptados para satisfazer as necessidades do seu projeto.

4. **Registar os seus modelos**:

- Para gerir os dados da sua aplicação através do admin, é necessário registar os seus modelos. Abra o ficheiro **admin.py** no diretório da sua aplicação e registe os seus modelos da seguinte forma:

CAPÍTULO 3

Modelos e bases de dados

3.1 Definindo Modelos e Entendendo o ORM do Django

No Django, modelos são a fonte definitiva de informação sobre seus dados. Eles contêm os campos essenciais e comportamentos dos dados que você está armazenando. Essencialmente, cada modelo mapeia para uma única tabela de banco de dados. Os modelos Django simplificam o processo de interação com a base de dados usando o ORM (ObjectRelational Mapping) do Django, que traduz o código Python de alto nível em consultas à base de dados.

3.1.1 Definição de modelos

Um modelo Django é uma subclasse de **django.db.models.Model**, onde cada atributo representa um campo do banco de dados. Definir um modelo em Django é tão simples quanto definir uma classe em Python, mas com atributos que definem o esquema do modelo:

```
from django.db import models
class MyModel(models.Model):
título = models.CharField(max_length=200)
descrição = models.TextField()
published_date = models.DateTimeField('date published')
```

Neste exemplo:

- **MyModel** é um modelo Django.
- **title, description,** e **published_date** são campos no modelo, cada um representado por uma instância de uma subclasse de **models.Field** (e.g., **CharField, TextField, DateTimeField**), que diz ao Django que tipo de dados cada campo contém.

A beleza dos modelos do Django é que não precisa de escrever código SQL; apenas define os seus modelos, e o Django trata do resto com o seu sistema ORM.

3.1.2 Entendendo o ORM do Django

O ORM do Django oferece uma forma poderosa e intuitiva de interagir com a base de dados. Ele permite que você:

1. **Criar**:

- As instâncias dos seus modelos representam linhas na sua base de dados. Para criar um novo registo, instancie o seu modelo e guarde-o:

```
new_entry = MyModel(título='Exemplo de título', descrição='Exemplo de descrição',
published_date=timezone.now())
nova_entrada.guardar()
```

2. **Ler:**

- A linguagem de consulta do Django é rica e permite-lhe escrever consultas complexas equivalentes a instruções SQL. Você pode obter dados da seguinte forma:

```
entradas = MyModel.objects.all()
recent_entry = MyModel.objects.filter(published_date__lte=timezone.now()).order_by('- published_date')[0]
```

3. **Atualização:**

- Atualizar um registo é tão simples como modificar os atributos de uma instância e chamar save():

```
entrada = MyModel.objects.get(id=1)
entry.title = 'Título atualizado'
entrada.guardar()
```

4. **Eliminar:**

- A eliminação de registos pode ser feita diretamente numa instância ou através do QuerySet:

```
entrada = MyModel.objects.get(id=1)
entrada.apagar()
```

- Ou pode eliminar todos os registos que correspondam a uma consulta:

```
MyModel.objects.filter(published_date__lte=timezone.now()).delete()
```

3.1.3 Vantagens de usar o ORM do Django

- **Abstração**: Abstrai as consultas SQL complexas em objectos Python, o que significa que não é necessário escrever SQL em bruto. Esta camada de abstração permite aos programadores interagir com a base de dados utilizando código Python em vez de consultas SQL.
- **Agnóstico a banco de dados**: O ORM do Django é agnóstico em relação ao banco de dados, o que significa que ele funciona com vários bancos de dados sem exigir mudanças no seu código Python. Você pode alternar entre **SQLite**, **PostgreSQL**, **MySQL**, ou outros apenas mudando uma configuração.
- **Segurança**: Ao utilizar o ORM, também obtém proteção contra ataques de injeção de SQL, uma vez que as consultas são automaticamente eliminadas pelo sistema.
- **Manutenibilidade**: Promove o princípio DRY (Don't Repeat Yourself), tornando o seu código mais fácil de manter e o seu processo de desenvolvimento mais rápido.

Ao utilizar os modelos Django e ORM, os programadores podem acelerar significativamente o processo de criação de aplicações baseadas em bases de dados, mantendo a clareza, eficiência e segurança nas suas operações de bases de dados.

3.2 Migrações: Gerir as alterações do esquema da base de dados

Migrações no Django são uma forma de propagar as mudanças que você faz nos seus modelos (adicionando um campo, deletando um modelo, etc.) para o seu esquema de banco de dados. Elas são projetadas para serem automáticas, mas elas ainda permitem que você tenha uma palavra a dizer sobre como as mudanças no esquema do banco de dados são implementadas. Entender as migrações é crucial para efetivamente gerenciar e evoluir o esquema de banco de dados de um projeto Django ao longo do tempo.

3.2.1 O que são migrações?

Migrações são a maneira do Django de propagar as mudanças que você faz nos seus modelos (como adicionar um campo, deletar um modelo, etc.) para o esquema do banco de dados. Elas são principalmente automáticas, transformando suas mudanças de modelo em comandos de banco de dados. As migrações do Django são compostas de duas partes:

- **Arquivos de Migração**: Estes são arquivos que o Django gera, que são armazenados na pasta "migrations" da sua aplicação. Cada arquivo representa uma migração (ou um passo) que precisa ser aplicada ao seu banco de dados, contendo as operações necessárias para aplicar as mudanças (como adicionar uma tabela ou um campo) e as operações para reverter as mudanças (como remover a tabela ou campo).
- **Comandos de Migração**: O Django fornece vários utilitários de linha de comando para gerenciar migrações, principalmente através do script **manage.py**. Os comandos de migração mais comumente usados são:
- **makemigrations**: Este comando diz ao Django que você fez algumas mudanças no seu
e que você gostaria que as alterações fossem armazenadas como uma migração. Executar **python manage.py makemigrations** cria ficheiros de migração a partir das alterações do modelo.
- **migrate**: Este comando aplica as migrações (executando os ficheiros de migração) ao esquema da base de dados. Executar **python manage.py migrate** aplica as migrações disponíveis à base de dados.
- **sqlmigrate**: Este comando pega nomes de migrações e retorna seu código SQL, o que pode ser útil para verificar qual SQL o Django acha que é necessário.
- **showmigrations**: Este comando lista as migrações de um projeto e o seu estado (se foram ou não aplicadas).

3.2.2 Como funcionam as migrações

Quando você executa **makemigrations**, o Django olha para todos os seus modelos disponíveis, compara-os com o estado atual do seu banco de dados, e descobre quais mudanças precisam ser feitas (como adicionar um campo, ou criar uma nova tabela). Ele então escreve essas mudanças como um arquivo de migração.

Quando você executa **migrate**, o Django passa por todos os arquivos de migração que não foram aplicados e os executa contra a sua base de dados, um por um, para atualizar o esquema da sua base de dados com os seus modelos.

3.2.3 Melhores práticas para utilizar as migrações

- **Manter as migrações no controlo de versões**: As migrações devem ser confirmadas e enviadas para o controlo de versões juntamente com os seus modelos para garantir que todas as alterações são consistentes em todos os ambientes.
- **Executar migrações regularmente**: Especialmente no desenvolvimento, certifique-se de que efectua migrações sempre que fizer alterações aos seus modelos. Isto garante que o esquema da base de dados está sempre sincronizado com as definições do modelo.
- **Utilizar as migrações para migrações de dados**: Para além das alterações de esquema, as migrações também podem ser utilizadas para modificar os dados na base de dados utilizando a operação **RunPython**. Isto é útil para a limpeza de dados, sementeira inicial de dados ou para mover campos de um modelo para outro.
- **Cuidado com as migrações de produção**: Antes de executar migrações numa base de dados de produção, reveja os ficheiros de migração para garantir que é seguro executá-los e fazer cópias de segurança da base de dados. Considere executar operações potencialmente destrutivas em migrações separadas e implantá-las durante as janelas de manutenção.

O sistema de migração do Django é robusto e projetado para ajudar os desenvolvedores a lidar com mudanças no esquema de banco de dados de forma natural e eficiente. Seguindo as práticas acima e entendendo como as migrações funcionam, você pode aproveitar o ORM do Django para evoluir seu esquema de banco de dados de forma controlada e previsível.

3.3 Trabalhar com QuerySets e Managers

No Django, QuerySets são a pedra angular da interação com o banco de dados, permitindo que você recupere, filtre e manipule os dados subjacentes de forma eficiente. Managers são outra parte integral do ORM do Django, fornecendo a interface através da qual as operações de consulta ao banco de dados são fornecidas aos modelos Django. Entender como usar efetivamente QuerySets e managers é crucial para realizar operações de banco de dados no Django.

3.3.1 Compreender os QuerySets

Um QuerySet é uma coleção de consultas de base de dados para obter objectos da sua base de dados. Pode ser considerado como uma lista de objectos e permite-lhe ler os dados da base de dados, filtrá-los, ordená-los e muito mais.

- **Recuperação de todos os objectos**: É possível recuperar todos os objectos da tabela de base de dados de um modelo com o método **all()**:

```
todas_entradas = MyModel.objects.all()
```

Isto devolverá um QuerySet que contém todas as instâncias de **MyModel**.

- **Filtragem de dados:** O método **filter()** permite-lhe especificar as condições que os objectos têm de cumprir para serem incluídos no QuerySet:

```
entradas_filtradas = MyModel.objects.filter(attribute='value')
```

Devolve um QuerySet que contém objectos que têm o atributo igual a 'value'.

- **Encadeando Filtros:** Você pode encadear critérios de filtros juntos, e o Django irá garantir que o SQL resultante seja o mais eficiente possível:

```
entradas =
MyModel.objects.filter(attribute='value').exclude(another_attribute='value').order_by('som e_field')
```

Este QuerySet filtrará primeiro os objectos por **atributo**, depois excluirá os que têm **outro atributo** e, por fim, ordenará os restantes objectos por **algum campo**.

- **Recuperação de objectos individuais**: Para recuperar um único objeto, é utilizado **get()**:

```
single_entry = MyModel.objects.get(pk=1)
```

Isso retorna o objeto com uma chave primária de 1. Se o objeto não existir, o Django irá levantar uma exceção **MyModel.DoesNotExist**.

3.3.2 Compreender os gestores

Os modelos Django vêm com uma API automática de abstração de banco de dados, conhecida como managers. Eles são a maneira do Django realizar consultas ao banco de dados para seus modelos. Por padrão, o Django adiciona um **Manager** com o nome **objects** para cada classe de modelo Django. Entretanto, você pode definir gerenciadores personalizados para estender ou modificar a funcionalidade padrão.

- **Gerenciador padrão**: O gerenciador padrão de um modelo Django é um **objeto**. Ele é uma instância de **django.db.models.Manager**, que é o gerenciador padrão do Django, e é usado para criar instâncias de QuerySet para aquele modelo.

```
meus_objectos = MyModel.objects.all()
```

- **Gerenciadores personalizados**: Pode criar gestores personalizados para os seus modelos para adicionar métodos extra ou modificar o QuerySet inicial que o gestor devolve. Isto pode ser útil para adicionar funcionalidades ao nível da tabela aos seus modelos ou para abstrair consultas complexas.

```
classe CustomManager(models.Manager):
def custom_method(self):
return self.filter(attribute='value') class MyModel(models.Model):
objectos_personalizados = CustomManager()
```

Aqui, **custom_objects** é um gestor personalizado que pode ser utilizado como o gestor predefinido, mas que também inclui o método **custom_method**.

- **Usando gerentes:** Utiliza-se um gestor para consultar os objectos armazenados na base de dados de um determinado modelo. Os gerentes são acessíveis apenas através das classes de modelo, não das instâncias de modelo, para impor a separação de preocupações.

```
custom_entries = MyModel.custom_objects.custom_method()
```

QuerySets e gerenciadores são fundamentais para a interação do Django com o banco de dados. Eles não só representam a ponte entre o seu código Python e o seu banco de dados, mas também encapsulam todas as operações do banco de dados de uma forma Pythonic. Dominar o seu uso é essencial para desenvolver aplicações web Django eficientes, legíveis e Python.

CAPÍTULO 4

Personalização do Django Admin

4.1 Personalizando a interface de administração do Django

A interface de administração do Django é uma ferramenta poderosa, gerada automaticamente, que fornece uma interface gráfica amigável para interagir com os modelos que você definiu em sua aplicação. Embora seja muito útil logo de cara, o Django também permite que você personalize a interface de administração para melhor atender às necessidades do seu projeto, melhorando tanto a sua funcionalidade quanto a sua estética. Aqui está como você pode adaptar o admin do Django para atender às suas necessidades.

4.1.1 Personalizar a representação do modelo de administração

1. **Registo de modelos**: Para tornar um modelo acessível através da interface de administração, é necessário registá-lo. Isso geralmente é feito no arquivo **admin.py** do seu aplicativo:

```
from django.contrib import admin
from .models import MyModel
admin.site.register(MyModel)
```

2. **Personalizando como os modelos são exibidos**: Pode influenciar a forma como os seus modelos são representados na administração, definindo uma classe **ModelAdmin** que especifica as opções de visualização para um determinado modelo:

```
@admin.register(MyModel)
class MyModelAdmin(admin.ModelAdmin):
list_display = ('field1', 'field2', 'field3') # Campos a apresentar na página de listagem do modelo
list_filter = ('field1', 'field2') # Campos a filtrar na barra lateral
campos_de_pesquisa = ['campo1', 'campo2'] # Campos que a caixa de pesquisa irá pesquisar
```

O **@admin.register(MyModel)** executa a mesma função que **admin.site.register(MyModel, MyModelAdmin)** mas é mais conciso e legível.

4.1.2 Personalizações avançadas

1. **Modelos em linha**: Se o seu modelo tiver relações ForeignKey, pode editar esses itens relacionados na mesma página que o modelo principal utilizando inlines:

```
class RelatedModelInline(admin.TabularInline):    # Também pode usar admin.StackedInline para uma
layout diferente
modelo = RelatedModel
@admin.register(MyModel)
class MyModelAdmin(admin.ModelAdmin):
inlines = [RelatedModelInline]
```

2. **Personalização do formulário**: Pode personalizar o formulário utilizado na administração utilizando os **campos** e as opções de **exclusão** ou, para um controlo total, pode especificar um formulário personalizado:

```
from .forms import CustomForm
@admin.register(MyModel)
class MyModelAdmin(admin.ModelAdmin):
form = CustomForm
```

3. **Personalizando o cabeçalho e o título do site de administração**: É possível personalizar a aparência do site de administração alterando o texto do cabeçalho e do título:

```
admin.site.site_header = 'Minha Administração'
admin.site.site_title = 'Administrador do meu site'
```

4. **Temas para a Interface de Administração**: Enquanto o Django não suporta temas de administração fora da caixa, você pode sobrescrever os templates de administração ou usar pacotes de terceiros para mudar a aparência da interface de administração.

5. **Métodos de ModelAdmin**: Para personalizações mais dinâmicas, é possível substituir métodos do **ModelAdmin**, como **get_queryset**, **save_model** e **delete_model**, para alterar o comportamento das operações CRUD básicas.

6. **Acções**: É possível adicionar acções personalizadas à interface de administração que podem ser executadas em itens selecionados. Estas acções podem ser funções definidas por si:

```
def make_published(modeladmin, request, queryset):
queryset.update(status='p')
@admin.register(MyModel)
class MyModelAdmin(admin.ModelAdmin):
acções = [make_published]
```

Ao personalizar o Django admin, pode melhorar significativamente as capacidades administrativas do seu sítio web, tornando-o mais intuitivo e eficiente para os administradores do sítio. A adaptação da interface de administração permite um fluxo de trabalho mais suave, facilitando a gestão do conteúdo e dos dados e garantindo que os administradores possam aceder à funcionalidade de que necessitam de forma rápida e fácil.

4.2 Configuração de administração e modelos em linha

A interface de administração do Django é altamente personalizável e permite configurações detalhadas para adaptar como seus modelos são exibidos e interagidos. Uma das caraterísticas poderosas do Django admin é a habilidade de usar modelos inline, que permitem editar modelos na mesma página que o modelo pai.

4.2.1 Configuração de administração

A configuração de administração no Django é tratada através de uma classe admin. Esta classe especifica o comportamento do modelo na interface de administração e inclui opções para melhorar a usabilidade da interface para um modelo em particular.

- **Personalização da exibição**: É possível personalizar os campos que são exibidos na visão de lista do modelo, utilizando o atributo **list_display**. Isso pode incluir saídas de método e campos de modelo.

```
from django.contrib import admin
from .models import MyModel
@admin.register(MyModel)
class MyModelAdmin(admin.ModelAdmin):
apresentação_da_lista = ('campo1', 'campo2', 'método_personalizado')
def custom_method(self, obj):
devolver obj.field1 + obj.field2
```

- **Opções de filtragem**: O atributo **list_filter** adiciona uma barra lateral que permite filtrar a lista de alterações pelos campos indicados.

```
class MyModelAdmin(admin.ModelAdmin):
filtro_de_lista = ('campo1', 'campo2')
```

- **Capacidades de pesquisa**: Pode adicionar a funcionalidade de pesquisa à lista de alterações do administrador utilizando o atributo **search_fields.**

```
class MyModelAdmin(admin.ModelAdmin):
campos_de_pesquisa = ['campo1', 'campo2']
```

4.2.2 Modelos em linha

As linhas permitem-lhe editar modelos associados (normalmente modelos com uma relação ForeignKey com o modelo principal) diretamente no formulário de alteração do administrador do modelo principal. Isso é particularmente útil para modelos relacionados.

- **Definindo Inlines**: Você define uma classe de administração inline que estende **admin.TabularInline** (para um layout tabular) ou **admin.StackedInline** (para um layout empilhado) e, em seguida, faz referência ao seu modelo.

```
from .models import ParentModel, ChildModel
class ChildModelInline(admin.TabularInline):
model = ChildModel
extra = 1#        Determina o número de formulários extra que o conjunto de formulários apresentará
@admin.register(ParentModel)
classe ParentModelAdmin(admin.ModelAdmin):
```

inlines = [ChildModelInline]

- **Configuração em linha**: Semelhante à configuração do administrador do modelo, é possível especificar quais os campos

para apresentar em linha, definir a ordenação e personalizar a validação do conjunto de formulários.

```
class ChildModelInline(admin.TabularInline):
model = ChildModel
campos = ('campo1', 'campo2')
ordenação = ('campo1',)
verbose_name_plural = "Modelos infantis
```

- **Utilização**: Com os inlines configurados, quando navega para o modelo principal no administrador, verá os modelos secundários associados listados diretamente no formulário do modelo principal. É possível editá-los em linha e adicionar novos modelos.

Configurações de administração e modelos em linha melhoram muito a usabilidade e funcionalidade da interface de administração do Django, transformando-a em uma ferramenta poderosa para gerenciar o conteúdo do seu site. Elas permitem um fluxo de trabalho altamente eficiente, permitindo que os administradores gerenciem conjuntos complexos de objetos inter-relacionados, tudo a partir de uma única tela.

4.3 Considerações sobre segurança e melhores práticas

A interface de administração do Django é um recurso poderoso para gerenciar o conteúdo do seu site, mas com grande poder vem a necessidade de considerações cuidadosas de segurança. Assegurar que a interface de administração é segura é crucial, pois ela pode ser um vetor potencial para ataques se não for configurada corretamente. Aqui estão as considerações essenciais de segurança e as práticas recomendadas que devem ser levadas em conta:

4.3.1 Utilizar mecanismos de autenticação fortes

- **Implementar a autenticação de dois factores (2FA):** Aumente a segurança do seu início de sessão de administrador incorporando a autenticação de dois factores. Isto adiciona uma camada extra de segurança ao exigir que os utilizadores forneçam dois factores de autenticação diferentes para se verificarem.
- **Modelo de utilizador personalizado:** Comece com um modelo de utilizador personalizado, mesmo que o modelo de **utilizador** predefinido pareça suficiente. Isto prepara a sua aplicação para o futuro, caso necessite de adicionar campos personalizados mais tarde.

4.3.2 Atualizar regularmente a versão do Django

- **Aplique Patches de Segurança:** Sempre mantenha seu projeto Django atualizado para a última versão, especialmente para patches de segurança. O Django lança regularmente atualizações que corrigem vulnerabilidades e falhas de segurança.

4.3.3 Limitar o acesso à interface de administração

- **Restringir endereços IP:** Limite os endereços IP que podem aceder ao seu site de administração. Isso pode ser feito

a nível da rede ou utilizando middleware para verificar os endereços IP dos pedidos de entrada e bloquear os que não constam da lista branca.

- **URL de administração personalizado:** Altere o URL predefinido da interface de administração de **/admin** para algo menos previsível para evitar ataques automatizados que visem o caminho predefinido.

4.3.4 Transmissão segura de dados de administração

- **Utilizar HTTPS:** Certifique-se de que o seu sítio de administração é sempre acedido através de HTTPS, que encripta os dados transmitidos entre o cliente e o servidor, protegendo-os de espiões.

4.3.5 Aplicar o princípio do menor privilégio

- **Limitar as contas de superutilizador:** Tenha cuidado com o número de contas de superutilizador que cria. Reveja regularmente os privilégios de superutilizador e revogue-os se não forem necessários.

- **Use Grupos e Permissões:** Utilize a estrutura de grupos e permissões do Django para dar aos usuários apenas o acesso que eles precisam. Evite dar mais permissões do que o necessário.

4.3.6 Monitorizar e registar a atividade do administrador

- **Registos de auditoria:** Mantenha registos da atividade administrativa, especialmente das alterações a dados sensíveis. Podem ser utilizadas ferramentas ou aplicações de terceiros para fornecer registos de auditoria detalhados.
- **Rever regularmente os registos:** Verifique regularmente os registos para detetar qualquer atividade invulgar ou não autorizada, que pode ser indicativa de uma violação de segurança ou de uma tentativa de violação.

4.3.7 Personalizações seguras da interface de administração

- **Validar dados do formulário:** Certifique-se de que todos os formulários personalizados utilizados no administrador estão a validar corretamente os dados para evitar ataques de injeção ou fugas de dados não intencionais.
- **Carregamentos seguros de ficheiros:** Se a sua interface de administração permitir carregamentos de ficheiros, certifique-se de que estes são seguros. Valide os tipos de ficheiros, limite o tamanho dos carregamentos e guarde os ficheiros numa localização segura.

4.3.8 Educar os utilizadores administradores

- **Políticas de senhas fortes:** Imponha políticas de palavras-passe fortes para os utilizadores administrativos. Instrua os utilizadores sobre a escolha de palavras-passe fortes e a importância de manter as suas credenciais seguras.
- **Formação de sensibilização:** Formar regularmente os utilizadores administrativos sobre as melhores práticas de segurança e como reconhecer tentativas de phishing ou ataques de engenharia social.

A incorporação destas considerações de segurança e melhores práticas pode melhorar significativamente a postura de segurança da sua interface de administração Django, garantindo que continua a ser uma ferramenta valiosa para gerir o seu site, mantendo os actores maliciosos à distância.

CAPÍTULO 5

Visualizações e encaminhamento de URL

5.1 Visões baseadas em funções versus visões baseadas em classes

No Django, as vistas são responsáveis por processar os pedidos dos utilizadores e devolver as respostas. Existem dois tipos principais de views: Vistas Baseadas em Funções (FBVs) e Vistas Baseadas em Classes (CBVs). Entender as diferenças, vantagens e casos de uso de cada uma pode ajudá-lo a escolher a mais apropriada para as necessidades do seu projeto.

5.1.1 Vistas baseadas em funções (FBVs)

As vistas baseadas em funções são fáceis de implementar e são escritas como funções Python. Cada FBV recebe um objeto HttpRequest como primeiro parâmetro e devolve um objeto HttpResponse.

- **Simplicidade e legibilidade:** As FBVs são simples de escrever e fáceis de ler, especialmente para aplicações pequenas ou quando a visualização executa uma única função. São explícitas, não envolvem muita magia e funcionam processualmente.
- **Controlo direto:** O utilizador tem controlo explícito sobre a lógica e o fluxo da sua aplicação. Cada etapa do processamento de um pedido é explicitamente definida na função.
- **Exemplo de FBV:**

```
from django.http import HttpResponse
def my_view(request):
# Ver lógica
return HttpResponse('Hello, World!')
```

- **Casos de uso:** Ideal para operações simples, renderização direta de modelos ou quando é necessário um comportamento personalizado que não se enquadra bem nas vistas genéricas baseadas em classes.

5.1.2 Visões baseadas em classes (CBVs)

As vistas baseadas em classes abstraem padrões comuns ao ponto de nem sequer ser necessário escrever código Python para escrever uma aplicação. Elas permitem que você estruture suas visualizações e reutilize código aproveitando a herança e os mixins.

- **Reutilização e extensibilidade:** A principal vantagem dos CBVs é a habilidade de estender e reutilizar funcionalidades comuns. O Django fornece uma variedade de CBVs genéricos embutidos para tarefas comuns como exibir uma lista de objetos ou manipular submissões de formulários
- **Organização:** Os CBVs ajudam-no a organizar as suas vistas e a manter o seu código DRY. Incentivam o agrupamento de vistas relacionadas, o que pode levar a um código mais sustentável e escalável.
- **Exemplo de CBV:**

```
from django.http import HttpResponse
from django.views import View
classe MyView(View):
def get(self, request):
# Ver lógica
return HttpResponse('Hello, World!')
```

- **Mixins**: Os CBVs podem utilizar mixins para adicionar funcionalidade a uma visualização. Mixins são um tipo de múltiplos
herança para classes em que se pode escrever uma funcionalidade uma vez e incluí-la em várias classes.
- **Casos de uso**: Os CBVs são particularmente úteis para aplicações de média a grande dimensão em que é necessário implementar vistas complexas que requerem muita reutilização e personalização. Funcionam bem quando as vistas estão a lidar com operações CRUD padrão.

5.1.3 Decidir entre FBVs e CBVs

- **Complexidade vs. Simplicidade:** Considere o uso de FBVs quando sua exibição for simples e não exigir muito boilerplate. Se as suas visualizações estiverem a ficar demasiado complexas ou se der por si a repetir os mesmos padrões, poderá ser altura de mudar para CBVs.

- **Preferência e requisitos do projeto:** Por vezes, a escolha entre FBVs e CBVs pode resumir-se à preferência pessoal ou aos requisitos do projeto. Alguns programadores consideram as CBVs mais intuitivas, enquanto outros preferem a explicitação das FBVs.
- **Comunidade e Documentação:** A comunidade Django fornece amplo suporte e extensa documentação para ambos os tipos de views. Quando em dúvida, consulte a documentação oficial do Django ou busque conselhos da comunidade Django.

Ambos FBVs e CBVs são ferramentas poderosas no arsenal de um desenvolvedor Django, e entender quando e como usar cada um pode tornar seus projetos Django mais eficientes e fáceis de gerenciar.

5.2 Configuração de padrões de URL e espaços de nome

No Django, padrões de URL são uma parte crucial do design da sua aplicação. Eles direcionam os pedidos web recebidos para a visão apropriada baseada na URL do pedido. Configurar esses padrões corretamente é vital para o bom funcionamento de uma aplicação Django. Adicionalmente, usar namespaces ajuda a organizar e referenciar suas URLs convenientemente, especialmente em projetos maiores com múltiplas aplicações.

5.2.1 Configuração de padrões de URL

Os padrões de URL são definidos no ficheiro **urls.py** do seu projeto ou aplicação. Utilizam uma sintaxe simples e legível para direcionar os pedidos de entrada para a vista correta com base no caminho do URL.

1. **Importando as funções de URL do Django**: Comece importando as funções necessárias do módulo **urls** do Django, assim como as views que você deseja rotear.

```
from django.urls import path
de . importar vistas
```

2. **Definindo padrões de URL**: Utilize a função **path()** para definir padrões de URL individuais. Esta função recebe três argumentos: uma rota, uma vista e, opcionalmente, um dicionário de parâmetros extra e um nome para o URL.

```
padrões de url = [
path('', views.index, name='index'),
caminho('about/', views.about, name='about'),
path('article/<int:article_id>/', views.article_detail, name='article_detail'),
]
```

- O primeiro argumento, a rota, é uma cadeia de caracteres que contém um padrão de URL.
- O segundo argumento especifica a vista que deve ser chamada com um objeto HttpRequest para devolver uma resposta.
- O terceiro argumento **name** permite-lhe nomear o seu padrão de URL, facilitando a referência ao mesmo noutro ponto do seu código, especialmente com a etiqueta de modelo **{% url %}**.

3. **Conversores de caminho**: Nos padrões de URL, você pode usar conversores para especificar o tipo da variável que você espera, como **<int:article_id>**. O Django irá usar este padrão para combinar com a URL e automaticamente passar o tipo correto de argumento para sua função view.

5.2.2 Utilizar espaços de nome

Namespaces são particularmente úteis no Django quando você tem múltiplas aplicações e quer evitar colisões de nomes de URLs. Eles permitem que você reverta padrões de URLs nomeados de forma única mesmo que aplicações diferentes usem os mesmos nomes de URLs.

1. **Definindo o espaço de nome da aplicação**: No **urls.py** da sua aplicação, pode definir um espaço de nome da aplicação especificando uma variável **app_name**.

```
app_name = 'myapp' urlpatterns = [
path('', views.index, name='index'),
caminho('about/', views.about, name='about'),
]
```

2. **Referenciando URLs com namespace**: Quando tiver definido um espaço de nomes, pode referenciá-lo nos seus modelos ou funções de visualização utilizando o espaço de nomes seguido de dois pontos e do nome do URL.

```
<!-- Num modelo -->
<a href="{% url 'myapp:index' %}">Home</a>
```

Nas funções de visualização, é possível utilizar a função **inversa** com o URL com espaço de nome.

Os namespaces tornam-se indispensáveis em projectos maiores, onde inclui muitos URLconfs de aplicações no **urls.py** principal do seu projeto. Eles permitem modularizar seu projeto, mantendo os nomes de URLs de diferentes aplicações separados e evitando conflitos.

Configurar padrões de URL e namespaces eficientemente pode melhorar drasticamente a legibilidade e manutenção do seu projeto Django, tornando-o mais fácil de escalar e modificar conforme sua aplicação cresce.

5.3 Tratamento de pedidos e passagem de contexto para modelos

O tratamento de pedidos e a passagem de contexto para modelos são aspectos fundamentais da construção de aplicações web dinâmicas com Django. Esse processo envolve receber requisições web, processar dados e retornar respostas, frequentemente renderizando templates HTML com dados de contexto. Aqui está como você pode efetivamente lidar com solicitações e passar dados para modelos no Django.

5.3.1 Tratamento dos pedidos

No Django, as views são responsáveis por processar os pedidos web que chegam. Elas pegam objetos HttpRequest como seu primeiro parâmetro, realizam operações e retornam objetos HttpResponse. Aqui está uma visão geral básica do processamento de pedidos:

- **Objetos HttpRequest**: O Django cria um objeto HttpRequest para cada requisição recebida de um usuário. Esse objeto contém metadados sobre a requisição, como parâmetros GET e POST, cookies e cabeçalhos.
- **Escrever vistas**: Uma vista é uma função ou classe Python que recebe um pedido e devolve uma resposta.

A lógica dentro da vista pode efetuar consultas à base de dados, processar dados ou desencadear outros efeitos secundários.

```
from django.http import HttpResponse def my_view(request):
return HttpResponse('Hello, World!')
```

- **Métodos de pedido**: Pode verificar o método de pedido (GET, POST, etc.) na sua vista para diferenciar a forma de processar o pedido.

```
def my_view(request):
se request.method == 'POST':
#   Tratar o pedido POST
elif request.method == 'GET':
#   Tratar o pedido GET
```

5.3.2 Passagem de contexto para modelos

O Django usa um poderoso mecanismo de modelos para gerar arquivos HTML dinamicamente. Para passar dados para os modelos, você usa dicionários de contexto que são então renderizados pelo motor de modelos.

- **Dicionários de contexto**: Estes são dicionários Python nos quais define pares chave-valor. As chaves são os nomes que irá utilizar no modelo para aceder aos dados, e os valores são os dados que pretende transmitir.
- **Renderizando Templates**: Use a função **render()** do Django para gerar o template HTML. Ela combina um dado template com um dicionário de contexto e retorna um objeto HttpResponse com o texto renderizado.

```
from django.shortcuts import render
def my_view(request):
context = {'message': 'Hello, World!'}
return render(request, 'my_template.html', context)
```

- **Usando dados de contexto em templates**: Dentro dos seus templates, você pode usar a linguagem de templates do Django para acessar e mostrar os dados de contexto. As tags de template {{

}} são usadas para gerar os dados.

```
<!-- meu_template.html -->
<p>{{ mensagem }}</p>
```

- **Herança de modelos**: Os dados de contexto são particularmente poderosos quando utilizados com herança de modelos, em que os modelos de base definem estruturas comuns e os modelos filhos substituem blocos específicos de conteúdo.

5.3.3 Melhores práticas

- **Princípio DRY**: Mantenha o seu código DRY (Don't Repeat Yourself) utilizando a herança de modelos e incluindo modelos reutilizáveis com a etiqueta **{% include %}**.
- **Decoradores de visualização**: Utilize decoradores como **@login_required** ou decoradores personalizados para adicionar funcionalidades comuns a várias vistas, como verificações de autenticação ou validações de permissão.
- **Filtros e etiquetas de modelos**: Utilize filtros e etiquetas de modelos incorporados ou personalizados para formatar dados ou executar lógica comum diretamente no modelo.
- **Segurança**: Assegure-se de usar as proteções embutidas do Django contra Cross-Site Scripting (XSS) utilizando seu mecanismo de modelagem corretamente e evite usar **safe** ou **autoescape off** a menos que seja absolutamente necessário.

O tratamento de pedidos e a passagem de contexto para modelos de forma eficiente são fundamentais na criação de aplicações Django responsivas e orientadas a dados. Este mecanismo permite uma clara separação entre a lógica de negócio (views) e as camadas de apresentação (templates), aderindo ao padrão MVC-like que o Django está estruturado.

CAPÍTULO 6

Modelos e formulários

6.1 Entendendo a linguagem de templates do Django

Django's Template Language (DTL) é um poderoso e extensível mecanismo de modelagem embutido no Django, projetado para definir o layout e a apresentação de informações em aplicações web. Ela permite que os desenvolvedores gerem HTML dinamicamente, apresentando dados passados das views e controlando o fluxo lógico nos templates. Compreender o DTL é crucial para renderizar eficazmente o conteúdo do lado do servidor com o qual os utilizadores interagem numa aplicação Django.

6.1.1 Sintaxe e estrutura

A linguagem de modelos do Django usa uma sintaxe simples, semelhante à do Python, e suporta uma ampla gama de recursos:

- **Variáveis**: As variáveis são colocadas entre chavetas **{{ nome_da_variável }}**. Quando o mecanismo de template encontra uma variável, ele avalia essa variável e a substitui pelo seu valor. As variáveis podem ser atributos de objectos, chaves em dicionários, ou valores reais.

```
<!-- Assumindo que o contexto contém 'name': 'World' -->
<p>Olá, {{ name }}!</p>
```

- **Etiquetas**: As etiquetas fornecem lógica e fluxo de controlo para modelos e são indicadas por **{% tag %}**. Elas
são utilizadas para loops, condições, definições de variáveis e muito mais. Ao contrário das variáveis, as etiquetas não produzem qualquer resultado, mas controlam o que é apresentado.

```
{% for item in item_list %}
<li>{{ item }}</li>
{% endfor %}
```

- **Filtros**: Os filtros transformam os valores das variáveis e são denotados utilizando o símbolo de tubo |. Podem ser utilizados para formatar dados, aplicar transformações ou ativar a lógica personalizada definida em Python.

```
<!-- Assumindo que date é um objeto datetime -->
<p>Data do evento: {{ date|date: "D, d M Y" }}</p>
```

Comentários: Os templates Django também podem incluir comentários, que são ignorados pelo motor de templates. Comentários são colocados entre {# #}.

```
{Isto é um comentário e não será processado}
```

6.1.2 Herança e reutilização

Uma das caraterísticas mais poderosas do sistema de modelos do Django é a herança de modelos:

- **Herança de modelos**: Pode definir um modelo base "esqueleto" que tem blocos que os modelos filhos podem substituir. É uma forma de escrever uma estrutura comum para o seu site, onde partes específicas do HTML podem ser declaradas em modelos filhos.

```
<!-- base.html -->
<html>
<head>
<title>{% block title %}Meu Site{% endblock %}</title>
</head>
<body>
{% block content %}{% endblock %}
</body>
</html>
```

- **Extensão de modelos base**: Os modelos filhos estendem um modelo base e preenchem ou substituem os
blocos definidos no modelo de base.

```
{% extends "base.html" %}
{Página inicial{% endblock %}
```

```
{% block content %}
<p>Bem-vindos à página inicial!</p>
{% endblock %}
```

6.1.3 Personalização e extensibilidade

- **Tags e Filtros Personalizados**: O Django permite que você crie tags e filtros de templates personalizados, fornecendo uma maneira de adicionar sua própria funcionalidade ao mecanismo de templates. Estas são funções Python que você pode usar nos seus templates.
- **Seguro e Autoescape**: Django automaticamente escapa variáveis para proteger contra ataques de Cross-Site Scripting (XSS). Entretanto, você pode usar o filtro **safe** ou a tag **{% autoescape off %}** para desabilitar esse comportamento para conteúdo confiável.

A linguagem de modelos do Django foi concebida para ser fácil de utilizar, flexível e segura, satisfazendo as necessidades do desenvolvimento de aplicações Web dinâmicas. Sua simplicidade permite que desenvolvedores front-end aprendam e usem-na rapidamente, enquanto seu poder e extensibilidade a tornam adequada para lógica de renderização complexa. Entender e utilizar efetivamente o DTL é a chave para construir aplicações Django robustas e dinâmicas.

6.2 Criação e renderização de modelos

No Django, templates são um componente crucial que permite a separação da apresentação e da lógica de negócio. Os templates definem a estrutura ou layout de um arquivo (como uma página HTML), que o Django preenche com dados antes de servi-lo ao usuário. Criar e renderizar templates envolve definir os templates e então usar a lógica de visualização do Django para renderizá-los em HTML com os dados de contexto apropriados. Aqui está como você pode criar e renderizar templates efetivamente no Django.

6.2.1 Criar modelos

1. **Estrutura do modelo**: Templates são normalmente arquivos HTML que permitem expressões do tipo Python para geração de conteúdo dinâmico. Eles podem incluir variáveis, tags de template ({% %}), e filtros ({{ }}) que o Django irá substituir por dados reais quando o template for renderizado.
2. **Localização dos Templates**: Por padrão, o Django procura por templates dentro de um diretório **templates** em cada app. Você pode organizar seus templates em subdiretórios com o nome da sua aplicação para evitar colisões de nomes. Por exemplo, templates para uma app chamada **myapp** poderiam ser colocados em **myapp/templates/myapp/**.
3. **Exemplo de um modelo básico**:

```
<  !-- meu_template.html -->
<html>
<head>
<title>{{ title }}</title>
</head>
<body>
<  h1>{{título }}</h1>
<  p>{{conteúdo }}</p>
</body>
</html>
```

Neste template, **{{ title }}**, **{{ heading }}**, e **{{ content }}** são placeholders que serão preenchidos com dados de contexto fornecidos por uma view Django.

6.2.2 Modelos de renderização

1. **A função render()**: O Django usa a função **render()** para combinar um dado template com um dicionário de contexto e retorna um objeto HttpResponse com esse texto renderizado.

```
from django.shortcuts import render
def my_view(request):
contexto = {
'título': 'Título da minha página',
'heading': 'Hello, World!',
'content': 'Este é um modelo simples'.
```

```
}
return render(request, 'myapp/my_template.html', context)
```

- O primeiro argumento é o objeto do pedido, o segundo é o nome do modelo e o terceiro é o dicionário de contexto.

2. **Passagem de contexto**: O contexto que você passa para **render()** torna os dados disponíveis para o template. Quando o template é renderizado, o Django substitui os placeholders com os dados correspondentes do dicionário de contexto.

3. **Herança de modelos**: Use a tag **{% extends %}** para construir um modelo base "esqueleto" que contém todo o conteúdo boilerplate do seu site (como cabeçalhos, rodapés, e assim por diante). Pode então estender este modelo base em modelos filhos usando a etiqueta **{% block %}** para definir áreas que os modelos filhos podem substituir.

- **base.html**:

```
<!DOCTYPE html>
<html>
<head>
<title>{% block title %}Meu Projeto{% endblock %}</title> </head>
<body>
{% block content %}{% endblock %}
</body>
</html>
```

- **child_template.html**:

```
{% extends "base.html" %}
{% block title %}A minha página de criança{% endblock %}
{% block content %}
<h1>Esta é uma página filha.</h1>
{% endblock %}
```

4. **Usando arquivos estáticos**: Para incluir CSS, JavaScript, ou imagens no seu template, use a tag de template **{% static %}** do Django para gerar a URL apropriada para arquivos estáticos.

```
<link rel="stylesheet" href="{% static 'css/style.css' %}">
```

Certifique-se de que configurou corretamente as definições dos seus ficheiros estáticos em **settings.py** e que executou o **collectstatic** se estiver a implementar num ambiente de produção.

Criar e renderizar templates no Django permite gerar conteúdo HTML dinâmico, gerenciar facilmente layouts de todo o site com herança de template, e manter a lógica e a apresentação da sua aplicação separadas. Essa abordagem modular para gerenciamento de templates garante que suas aplicações Django permaneçam manuteníveis e escaláveis conforme elas crescem.

6.3 Trabalhando com Django Forms e Formsets

Os formulários e conjuntos de formulários do Django são ferramentas poderosas para lidar com a entrada do usuário, fornecendo uma maneira flexível de gerar formulários e gerenciar o envio de formulários. Formulários no Django abstraem as tarefas de renderização de elementos de formulário HTML e análise e validação de dados submetidos. Conjuntos de formulários estendem ainda mais essa funcionalidade, permitindo que você manipule múltiplos formulários do mesmo tipo em uma página. Aqui está como você pode efetivamente trabalhar com formulários e conjuntos de formulários do Django.

6.3.1 Formulários Django

Os formulários Django simplificam a tarefa de criar, validar e processar formulários na sua aplicação web. Eles lidam com a renderização dos elementos do formulário no template e com a análise e validação dos dados enviados.

1. **Criando um formulário**: Defina um formulário criando uma classe que herda de **django.forms.Form**. Nesta classe, defina os campos do seu formulário junto com seus tipos e opcionalmente, widgets, regras de validação, ou rótulos.

```
from django import forms
class MyForm(forms.Form):
```

```
name = forms.CharField(label='O seu nome', max_length=100)
idade = forms.IntegerField(label='A sua idade')
```

2. **Renderização de formulários em modelos**: Passe a instância do formulário para o contexto do modelo. No modelo, pode renderizar o formulário manualmente, campo a campo, ou utilizar o atalho {{ form.as_p }} para o envolvimento automático de parágrafos.

```
<form method="post">
{% csrf_token %}
{{ form.as_p }}
<button type="submit">Submeter</button>
</form>
```

3. **Tratamento de dados de formulários submetidos**: Na sua visualização, verifique se o método de solicitação é POST para determinar se o formulário foi enviado. Em seguida, crie uma instância do seu formulário, passando os dados POST para o formulário. Valide os dados com **is_valid()** e, em seguida, você pode usar os dados limpos.

```
def my_view(request):
se request.method == 'POST':
form = MyForm(request.POST)
se form.is_valid():
# processar os dados em form.cleaned_data
return HttpResponseRedirect('/success/')
e mais:
form = MyForm()
return render(request, 'my_template.html', {'form': form})
```

6.3.2 Conjuntos de formulários Django

Os conjuntos de formulários gerem colecções de formulários na página. Podem ser utilizados para criar vários formulários a partir de um modelo, em que cada formulário representa uma instância diferente do modelo.

1. **Criando um Formset**: Use o utilitário formset factory do Django para criar um formset. Essa função de fábrica permite que você defina quantos formulários você quer exibir no seu conjunto de formulários.

```
from django.forms import formset_factory
MyFormSet = formset_factory(MyForm, extra=2)
```

- **extra=2** significa que são apresentados dois formulários vazios.

2. **Renderizando Formsets em Templates**: Similar aos formulários, passe o conjunto de formulários para o template e renderize-o usando a linguagem de templates do Django. Você pode fazer um loop sobre cada formulário no conjunto de formulários ou renderizá-los todos de uma vez.

```
<form method="post">
{% csrf_token %}
{{ formset }}
<button type="submit">Submeter</button>
</form>
```

3. **Processamento de conjuntos de formulários enviados**: Trate a submissão na sua vista, assegurando a validação de cada formulário no conjunto de formulários. Pode aceder aos dados limpos de cada formulário do conjunto de formulários, o que permite um processamento individual.

```
def my_view(request):
se request.method == 'POST':
formset = MyFormSet(request.POST)
se formset.is_valid():
para formulário em formset:
# processar cada formulário.cleaned_data
return HttpResponseRedirect('/success/')
e mais:
formset = MyFormSet()
return render(request, 'my_template.html', {'formset': formset})
```

6.3.3 Melhores práticas

- **Validação de formulários**: Utilize os validadores embutidos do Django ou defina métodos de validação personalizados em
as suas classes de formulário para garantir que os dados apresentados satisfazem os seus critérios.
- **Conjuntos de formulários dinâmicos**: Utilize o JavaScript para adicionar, remover ou reordenar dinamicamente os formulários do conjunto de formulários no lado do cliente, melhorando a interatividade do utilizador.
- **Formulários reutilizáveis**: Defina os seus formulários num módulo **forms.py** separado para uma melhor organização e para reutilizar os formulários em diferentes vistas ou aplicações no seu projeto.

Trabalhar com formulários e conjuntos de formulários Django gere eficazmente os dados submetidos pelo utilizador, garantindo a integridade dos dados e proporcionando uma experiência de utilizador sem problemas. Ao aproveitar essas caraterísticas, você pode lidar com entradas de formulários de forma mais eficiente, tornando suas aplicações web robustas e fáceis de usar.

CAPÍTULO 7

Autenticação e autorização do utilizador

7.1 Implementar a autenticação do utilizador

Implementar autenticação de usuário é um aspeto fundamental de muitas aplicações web para garantir que apenas usuários autorizados possam acessar certos conteúdos ou recursos. O Django fornece um sistema de autenticação robusto e extensível que está embutido, tornando fácil lidar com contas de usuário, permissões e sessões de usuário baseadas em cookie. Aqui está como você pode implementar a autenticação de usuário em uma aplicação Django:

7.1.1 Utilizando o modelo de usuário embutido do Django

O Django vem com um modelo de **usuário** embutido em **django.contrib.auth.models**, que é projetado para atender às necessidades da maioria das aplicações web. Ele inclui campos como **username**, **password**, **email**, **first_name**, e **last_name**.

7.1.2 Configurar o sistema de autenticação

1. **Inclua as URLs de autenticação do Django**: No **urls.py** do seu projeto, inclua as visões de autenticação fornecidas pelo Django. Isso irá adicionar caminhos para lidar com login, logout e gerenciamento de senhas.
2. **Criando páginas de login e logout**: Você pode sobrescrever os templates padrão das visões de autenticação do Django criando **registration/login.html** e **registration/logged_out.html** no seu diretório de templates. Personalize esses modelos para combinar com o design do seu site.

- **login.html**:
- Certifique-se de que definiu o **LOGIN_REDIRECT_URL** no seu **settings.py** para redirecionar os utilizadores para a página pretendida após um início de sessão bem sucedido.

7.1.3 Personalizar o comportamento de autenticação

1. **Criar um modelo de utilizador personalizado**: Se o modelo de utilizador incorporado não se adequar às suas necessidades, pode estendê-lo ou substituí-lo por um modelo personalizado. Certifique-se de que faz isto antes de executar **a migração** pela primeira vez, uma vez que alterá-lo a meio do projeto pode ser complexo.
2. **Backend de autenticação de utilizador personalizado**: Se precisar de autenticar utilizadores numa fonte diferente (como uma API externa ou uma base de dados não relacional), pode definir um backend de autenticação personalizado.

- Implemente uma classe com dois métodos obrigatórios: **authenticate** e **get_user**.
- Adicione o seu backend personalizado à lista **AUTHENTICATION_BACKENDS** no seu **settings.py**.

7.1.4 Gerir palavras-passe

O sistema auth do Django cuida do hashing da senha e inclui validadores para reforçar a força da senha. Certifique-se de que você está familiarizado e configure essas definições em **settings.py** para aumentar a segurança.

7.1.5 Integrando com o sistema de permissões do Django

O sistema de autenticação do Django inclui um sistema de permissão que permite que você especifique permissões para diferentes papéis de usuário. Você pode atribuir permissões a grupos ou usuários individuais, permitindo um controle refinado sobre quem pode acessar quais recursos na sua aplicação.

7.1.6 Considerações de segurança

- Utilize sempre as vistas e formulários incorporados no Django para tarefas de autenticação para garantir que as melhores práticas de segurança são seguidas.
- Certifique-se de que a sua aplicação está a ser executada em HTTPS para proteger os dados de autenticação sensíveis durante o trânsito.
- Atualize regularmente o Django para incorporar correções de segurança e melhorias.

A implementação da autenticação de utilizador no Django é simplificada graças às suas caraterísticas incorporadas, que são seguras, versáteis e personalizáveis para se adaptarem às necessidades da maioria das aplicações web. Aproveitando o sistema de autenticação do Django, você pode adicionar autenticação de usuário à sua aplicação com confiança, sabendo que você está construindo sobre uma base segura e bem testada.

7.2 Gerir permissões e autorizações

O Django fornece um sistema sofisticado para gerir permissões e autorizações, que permite aos programadores controlar o que os utilizadores podem e não podem fazer dentro de uma aplicação. Este sistema é flexível e pode ser adaptado a muitos tipos diferentes de projectos, garantindo que os utilizadores só têm acesso aos recursos e acções que são apropriados para as suas funções.

7.2.1 Entendendo as permissões no Django

1. **Permissões embutidas**: O Django cria automaticamente três permissões para cada modelo: adicionar, alterar e apagar. Essas permissões são armazenadas na tabela **auth_permission** e são associadas com o respetivo tipo de conteúdo do modelo.
2. **Permissões personalizadas**: Pode definir as suas próprias permissões personalizadas por modelo, adicionando uma opção Meta de **permissões** à sua classe de modelo. Estas podem ser utilizadas para especificar acções adicionais que requerem autorização.

```
class MyModel(models.Model):
# campos do modelo
classe Meta:
permissões = (
("can_view_special", "Pode ver conteúdo especial"),
)
```

7.2.2 Atribuir permissões a utilizadores e grupos

1. **Usando a interface de administração**: A interface de administração do Django permite que os superusuários atribuam permissões a usuários e grupos facilmente. Isso pode ser feito nas páginas de edição de usuário ou grupo, onde você pode selecionar as permissões disponíveis.
2. **Atribuição de permissões de forma programática**: Também pode atribuir permissões no seu código. Isto pode ser útil, por exemplo, ao configurar dados iniciais ou num fluxo de registo de utilizador personalizado.

```
from django.contrib.auth.models import Permission
from myapp.models import MyModel
permissão = Permission.objects.get(codename='can_view_special', content_type__app_label='myapp')
user.user_permissions.add(permissão)
```

3. **Permissões de grupo**: Os grupos são uma forma de categorizar os utilizadores e de lhes atribuir permissões
coletivamente. A atribuição de uma permissão a um grupo concede-a automaticamente a todos os utilizadores desse grupo.

```
group.permissions.add(permissão)
```

7.2.3 Verificar as permissões

As permissões podem ser verificadas em vistas, modelos e várias outras partes da sua aplicação:

1. **Nas visualizações**: Utilize o método **user.has_perm()** para verificar se um utilizador tem uma permissão específica. Decoradores como **permission_required** também podem ser usados para proteger visualizações.

```
se request.user.has_perm('myapp.can_view_special'):
#   Autorização concedida
e mais:
#   Permissão negada
```

2. **Nos modelos**: Pode verificar as permissões nos seus modelos utilizando a etiqueta **{% if %}** em conjunto com **perms**:

```
{% if perms.myapp.can_view_special %}
```

```
<!-- Conteúdo a ser apresentado se o utilizador tiver permissão -->
{% endif %}
```

3. **Usando Decoradores**: O decorador **@permission_required** pode ser usado para verificar permissões em funções de visualização. Redirecciona os utilizadores não autorizados para a página de início de sessão ou para uma página que especifique.

```
from django.contrib.auth.decorators import permission_required
@permission_required('myapp.can_view_special')
def my_view(request):
# ver lógica
```

7.2.4 Melhores práticas

- **Use os grupos com sabedoria**: A utilização de grupos pode simplificar a gestão de permissões, especialmente em aplicações com um número significativo de utilizadores e funções.
- **Seja explícito com as permissões**: Defina e documente claramente as permissões necessárias para as diferentes partes da sua aplicação. Geralmente, é melhor verificar explicitamente as permissões quando necessário do que confiar em verificações de permissão implícitas.
- **Tratar com segurança as verificações de permissão**: Certifique-se de que as verificações de permissão são tratadas adequadamente em partes críticas da sua aplicação para evitar o acesso não autorizado ou o aumento de privilégios.
- **Auditar regularmente as permissões**: Reveja periodicamente as definições de permissão da sua aplicação, especialmente após grandes alterações, para garantir que ainda estão em conformidade com os seus requisitos de segurança.

Ao gerir cuidadosamente as permissões e autorizações, pode construir aplicações Django que são seguras, flexíveis e fáceis de manter, garantindo que os utilizadores têm acesso apenas às funcionalidades e dados a que têm direito.

7.3 Personalizando a autenticação com o modelo de usuário do Django

O Django fornece um modelo de **usuário** embutido para autenticação, mas às vezes você pode precisar estender ou substituir completamente este modelo para acomodar as necessidades específicas da sua aplicação. Personalizar o modelo de usuário no Django pode ser crucial para adicionar campos, métodos ou comportamentos adicionais e para adaptar o sistema de autenticação aos requisitos do seu projeto.

7.3.1 Extensão do modelo de utilizador existente

Existem duas formas comuns de alargar o modelo de utilizador existente sem o substituir totalmente:

1. **Usando um modelo de perfil**: Pode criar um modelo de perfil separado que contenha toda a informação adicional e que esteja ligado ao modelo de utilizador incorporado no Django com uma relação Um-para-Um.

```
from django.contrib.auth.models import User
from django.db import models class UserProfile(models.Model):
user = models.OneToOneField(User, on_delete=models.CASCADE)
bio = models.TextField()
avatar = models.ImageField(upload_to='avatars/')
```

Certifique-se de que cria e anexa uma instância **UserProfile** sempre que é criada uma instância **User**. Os receptores de sinais podem ser úteis para este efeito.

2. **Extensão de AbstractUser**: Outra forma é estender a classe **AbstractUser**. Este método permite-lhe adicionar novos campos diretamente ao seu modelo de utilizador.

```
from django.contrib.auth.models import AbstractUser
from django.db import models
class CustomUser(AbstractUser):
bio = models.TextField()
avatar = models.ImageField(upload_to='avatars/')
```

Lembre-se de apontar **AUTH_USER_MODEL** para o seu novo modelo em **settings.py**:

```
AUTH_USER_MODEL = 'myapp.CustomUser'
```

7.3.2 Substituir o modelo do utilizador

Se a extensão do modelo User não for suficiente para as suas necessidades, pode substituí-lo totalmente criando um modelo personalizado que defina todos os dados relacionados com a autenticação. Esta abordagem proporciona a máxima flexibilidade, mas requer um planeamento cuidadoso.

1. **Definindo um modelo de usuário personalizado**: Seu modelo de usuário customizado deve herdar de **AbstractBaseUser** e opcionalmente **PermissionsMixin** se você quiser incluir o framework de permissões do Django.

```
from django.contrib.auth.models import AbstractBaseUser, PermissionsMixin
from django.db import models
class CustomUser(AbstractBaseUser, PermissionsMixin):
email = models.EmailField(unique=True)
first_name = models.CharField(max_length=30)
last_name = models.CharField(max_length=30)
# outros campos
USERNAME_FIELD = 'email'
REQUIRED_FIELDS = ['first_name', 'last_name']
```

2. **Criando um gerenciador personalizado**: É necessário criar um gestor personalizado que estenda o **BaseUserManager**, fornecendo dois métodos adicionais: **create_user** e **create_superuser**.

```
from django.contrib.auth.models import BaseUserManager class CustomUserManager(BaseUserManager):
def create_user(self, email, first_name, last_name, password=None):
#     criar e devolver um utilizador
def create_superuser(self, email, first_name, last_name, password):
#     criar e devolver um superutilizador
```

3. **Atualização do settings.py**: Especifique o seu modelo personalizado como o modelo de utilizador predefinido para o seu projeto:

```
AUTH_USER_MODEL = 'myapp.CustomUser'
```

7.3.3 Melhores práticas e considerações

- **Tomar decisões antecipadas**: Decida sobre a personalização do modelo de utilizador no início do seu projeto, uma vez que alterar o modelo de utilizador a meio do projeto pode ser complicado e arriscado.
- **Use as migrações com sabedoria**: Ao modificar o modelo de utilizador, especialmente no caso de extensão **do AbstractUser**, certifique-se de que faz e aplica migrações prontamente para refletir as alterações no esquema da base de dados.
- **Teste exaustivamente**: Os modelos de utilizador personalizados podem afetar todo o fluxo de autenticação do seu projeto. Certifique-se de que testa minuciosamente os processos de criação, modificação e autenticação de utilizadores.
- **Considere Pacotes de Terceiros**: Se suas necessidades de personalização são comuns (por exemplo, usar um endereço de e-mail como nome de usuário), considere usar um pacote de terceiros como o **django-allauth** antes de optar por personalizar o modelo de usuário.

Personalizar o modelo de usuário do Django permite que você adapte o sistema de autenticação para atender as necessidades exatas da sua aplicação, seja adicionando informações adicionais ao usuário ou substituindo o sistema de autenticação completamente. Seguindo essas diretrizes, você pode garantir que seu modelo de usuário personalizado se integre perfeitamente com o framework de autenticação do Django.

CAPÍTULO 8

Modelos e relações avançados

8.1 Campos e métodos de modelos avançados

No Django, modelos são a única e definitiva fonte de verdade sobre seus dados. Eles contêm os campos essenciais e comportamentos dos dados que você está armazenando, e o Django os usa para criar o esquema do banco de dados e gerar uma API Python acessível para acesso ao banco de dados. Embora o Django forneça um conjunto robusto de tipos de campos embutidos, entender como aproveitar campos mais avançados e incorporar métodos personalizados pode melhorar significativamente os modelos da sua aplicação.

8.1.1 Campos de modelo avançados

O Django oferece vários tipos de campos que podem atender a estruturas de dados e relacionamentos mais complexos:

1. **JSONField**: Um campo para armazenar dados codificados em JSON. É incrivelmente útil para armazenar dados JSON arbitrários que não se encaixam em um esquema de modelo específico. Este tipo de campo pode tornar a sua aplicação mais flexível, permitindo estruturas de dados dinâmicas.

```
from django.db import models class MyModel(models.Model):
detalhes = models.JSONField()
```

2. **BinaryField**: Utilizado para armazenar dados binários brutos. Pode ser atribuído a bytes, bytearray ou memoryview. Por defeito, este campo é definido como editável=False, pelo que não aparecerá no painel de administração.

```
class MyModel(models.Model):
ficheiro = models.BinaryField()
```

3. **UUIDField**: Usado para armazenar identificadores universalmente exclusivos. Útil para entidades voltadas para o público, como um modelo de usuário, onde você pode não querer expor o atributo id.

```
importar uuid
from django.db import models class MyModel(models.Model):
id = models.UUIDField(primary_key=True, default=uuid.uuid4, editable=False)
```

4. **FileField** e **ImageField**: Permitem aos utilizadores carregar ficheiros ou imagens. Enquanto o **FileField** pode armazenar qualquer ficheiro, o **ImageField** está optimizado para armazenar imagens. O **ImageField** adiciona validação para garantir que o objeto carregado é uma imagem.

```
class MyModel(models.Model):
upload = models.FileField(upload_to='uploads/')
image = models.ImageField(upload_to='images/')
```

8.1.2 Métodos personalizados em modelos

A adição de métodos personalizados aos seus modelos pode encapsular a lógica executada com frequência e torná-la acessível como parte do seu modelo de dados.

1. **Métodos de instância de modelo**: Estes métodos são adicionados às instâncias do modelo e podem efetuar operações ou cálculos utilizando os atributos da instância.

```
classe Livro(models.Model):
título = models.CharField(max_length=100)
author = models.CharField(max_length=100)
preço = models.DecimalField(max_digits=5, decimal_places=2)
def discount_price(self, discount):
return self.price - (self.price * discount / 100)
```

Pode chamar este método a qualquer instância de Livro: **book_instance.discount_price(10)**.

2. **Métodos de classe do modelo**: Os métodos de classe aplicam-se ao modelo como um todo. O exemplo mais comum é o método do gestor personalizado, mas pode definir qualquer método de classe que faça sentido para a sua aplicação.

```
classe Livro(models.Model):
#    domínios
@método-classe
```

```
def create(cls, title, author):
livro = cls(título=título, autor=autor)
#    livro de retorno lógico adicional
```

Este método pode ser usado para criar novas instâncias de **Book: Book.create("Django for Professionals", "William S. Vincent").**

3. **Métodos de propriedade de modelo:** Ao utilizar o decorador **@property**, pode definir métodos que actuam como atributos só de leitura do modelo.

```
classe Livro(models.Model):
título = models.CharField(max_length=100)
author = models.CharField(max_length=100)
publication_date = models.DateField()
@propriedade
def is_new_release(self):
return (timezone.now() - self.publication_date).days < 30
```

Esta propriedade pode ser acedida como qualquer outro atributo: **book_instance.is_new_release.**

8.1.3 Melhores práticas

- **Utilizar opções de campo**: Utilize plenamente as opções de campo como **editable=False, default=, choices=**, etc., para impor a integridade dos dados e a lógica comercial ao nível do modelo.
- **Substituir métodos de modelo**: Pode substituir os métodos de modelo incorporados, como **save()**, **delete()**, etc., para adicionar comportamentos personalizados aos seus modelos.
- **Manter a legibilidade**: Mantenha os métodos personalizados relevantes e legíveis. Cada método deve ter
um objetivo claro e não deve ser demasiado complexo.
- **Otimizar consultas ao banco de dados**: Tenha cuidado ao criar métodos que possam resultar em consultas de banco de dados grandes e não otimizadas. Sempre considere a carga do banco de dados ao projetar métodos de modelo.

Campos e métodos avançados de modelos podem melhorar muito a funcionalidade dos seus modelos Django, permitindo o tratamento de dados mais complexos e o encapsulamento da lógica de negócios diretamente na sua camada de dados. Ao entender e utilizar essas caraterísticas, você pode construir aplicações Django mais robustas, eficientes e de fácil manutenção.

8.2 Configurando relações de banco de dados: ForeignKey, ManyToManyField

No Django, definir relacionamentos entre modelos é essencial para representar as conexões entre dados relacionados no seu banco de dados. O Django ORM (Object-Relational Mapping) fornece abstracções poderosas para criar relações, principalmente através de **ForeignKey**, **ManyToManyField** e **OneToOneField**. Aqui, vamos nos concentrar em **ForeignKey** e **ManyToManyField**, que são usados para definir relacionamentos um-para-muitos e muitos-para-muitos, respetivamente.

- **ForeignKey**: Relações um-para-muitos

Uma **ForeignKey** é um campo que estabelece uma relação de um para muitos entre dois modelos: aponta de um modelo (o filho ou o lado "muitos") para outro modelo (o pai ou o lado "um").

- **Definição de uma relação ForeignKey**:

```
from django.db import models
class Author(models.Model):
name = models.CharField(max_length=100)
classe Livro(models.Model):
título = models.CharField(max_length=200)
author = models.ForeignKey(Author, on_delete=models.CASCADE, related_name='books')
```

Neste exemplo, cada **livro** pertence a um **autor**, enquanto cada **autor** pode ter muitos **livros**. O parâmetro **on_delete** é crucial e determina o comportamento a adotar quando o objeto referenciado é eliminado. **models.CASCADE** significa que quando um **Autor** é eliminado, todos os seus livros serão automaticamente eliminados também.

- **Aceder a objectos relacionados**:

Uma vez configurada a relação, é possível aceder aos objectos relacionados utilizando o ORM.

```
#    Aceder ao autor de um livro
meu_livro = Book.objects.get(id=1)
o_autor = meu_livro.autor
#    Aceder a todos os livros de um autor
os_livros_do_autor = o_autor.livros.todos()
```

O atributo **related_name** especifica o nome da relação inversa do modelo **Author** para o modelo **Book**.

8.2.1 ManyToManyField: Relações de muitos para muitos

Um **campo ManyToManyField** é utilizado para definir uma relação muitos-para-muitos, o que significa que cada objeto do primeiro modelo pode estar relacionado com muitos objectos do segundo modelo e vice-versa.

- **Definição de uma relação ManyToManyField**:

```
classe Livro(models.Model):
título = models.CharField(max_length=200)
authors = models.ManyToManyField(Author, related_name='books')
```

Esta relação sugere que cada **livro** pode ter vários **autores** e cada **autor** pode escrever vários **livros**. Ao contrário de **ForeignKey**, não é necessário especificar um parâmetro **on_delete** para **ManyToManyField**.

- **Trabalhar com ManyToManyField**:

O Django gerencia relacionamentos muitos-para-muitos usando uma tabela de junção intermediária, e você pode adicionar ou remover relacionamentos usando o ORM do Django.

```
#    Adicionar um autor a um livro
my_book.authors.add(an_author)
#    Remover um autor de um livro
meu_livro.autores.remover(um_autor)
#    Limpar todos os autores de um livro
meu_livro.autores.limpar()
#    Aceder a todos os autores de um livro
autores_do_livro = meu_livro.autores.todos()
#    Aceder a todos os livros de um autor
livros_de_autor = an_autor.livros.todos()
```

8.2.2 Melhores práticas

- **Utilizar modelos de passagem explícitos**: Para **ManyToManyField**, considere a definição de um modelo explícito de passagem utilizando o atributo **through** para tratar dados extra na relação. Este modelo terá os seus próprios campos **ForeignKey** que apontam para os modelos de ambos os lados da relação.
- **Indexação**: Tenha em atenção a indexação da base de dados e a otimização da consulta, especialmente para grandes conjuntos de dados. A indexação correta pode melhorar significativamente o desempenho da consulta.
- **Consistência**: Assegure-se de que o esquema da sua base de dados é consistente com os seus modelos Django

executar regularmente **makemigrations** e **migrar** para refletir quaisquer alterações nos seus modelos para o esquema da base de dados.

- **Evite usar null em ManyToManyField**: É redundante, já que o Django não usa esse parâmetro. Um relacionamento muitos-para-muitos envolve uma tabela separada que liga os dois modelos, então não há necessidade de permitir valores nulos para o campo.

Configurar corretamente as relações entre bases de dados é crucial para a integridade e desempenho da sua aplicação Django. Entender como usar efetivamente **ForeignKey** e **ManyToManyField** permitirá que você modele uma ampla gama de relacionamentos do mundo real entre entidades de dados.

8.3 Utilização de sinais e gerenciadores de modelos personalizados

O Django fornece recursos avançados para melhorar a funcionalidade dos seus modelos e a interação com o banco de dados: sinais e gerenciadores de modelos personalizados. Esses recursos oferecem mais controle sobre o fluxo de dados e comportamento dos seus modelos, permitindo que você implemente lógicas e comportamentos sofisticados.

8.3.1 Utilização de sinais

Sinais no Django permitem que certos remetentes notifiquem um conjunto de receptores que alguma ação ocorreu. Eles são especialmente úteis quando você quer desacoplar diferentes partes da sua aplicação que precisam ser notificadas quando certas ações ocorrem.

- **Casos de utilização comuns**:

- Criação ou atualização automática de objectos relacionados quando uma instância de modelo é guardada ou eliminada.
- Validação de dados antes de serem guardados na base de dados.
- Envio de notificações (como e-mails) após a realização de determinadas acções.

- **Definindo e conectando sinais**: O Django inclui um conjunto de sinais embutidos que você pode usar para disparar ações. Os sinais mais comumente usados são **pre_save**, **post_save**, **pre_delete**, e **post_delete**.

Eis como pode utilizar um sinal **post_save** para criar uma instância de perfil para cada novo utilizador:

```
from django.db.models.signals import post_save
from django.contrib.auth.models import User
from django.dispatch import receiver
from myapp.models import Profile
@receiver(post_save, sender=User)
def create_user_profile(sender, instance, created, **kwargs):
se criado:
Profile.objects.create(user=instance)
```

O decorador **@receiver** liga o sinal ao remetente, assegurando que a função **create_user_profile** é chamada sempre que uma instância de **utilizador** é guardada e é criada de novo.

8.3.2 Gestores de modelos personalizados

Os gestores de modelos são utilizados para adicionar funcionalidades ao nível da tabela aos seus modelos e para personalizar o comportamento predefinido das suas consultas à base de dados. Ao definir um gestor personalizado, pode alargar a funcionalidade do gestor de objectos incorporado e incluir os seus próprios métodos para abstrair consultas complexas.

- **Criando um gerenciador personalizado**: Você pode criar um gerenciador personalizado estendendo a classe **models.Manager** e adicionando seus métodos a ela.

```
from django.db import models
classe PublishedBookManager(models.Manager):
def get_queryset(self):
return super().get_queryset().filter(status='published')
```

Neste exemplo, o **PublishedBookManager** fornece um método **get_queryset** que devolve apenas os livros com um estado de "publicado".

- **Usando seu gerenciador personalizado**: Pode então anexar este gestor a um modelo para o tornar disponível através da API desse modelo.

```
classe Livro(models.Model):
título = models.CharField(max_length=100)
status = models.CharField(max_length=10, choices=[('published', 'Published'), ('draft', 'Draft')])
objectos = models.Manager() # O gestor predefinido.
published = PublishedBookManager() # O nosso gestor personalizado.
```

Com esta configuração, pode chamar **Book.published.all()** para obter todos os livros publicados, enquanto **Book.objects.all()** lhe dará todos os livros independentemente do seu estado.

8.3.3 Melhores práticas e considerações

- **Uso excessivo de sinais**: Seja cauteloso com os sinais, pois eles podem tornar a lógica mais difícil de seguir. Eles não devem ser usados em excesso, e seu uso deve ser bem documentado.
- **Depuração de sinais**: Lembre-se de que os sinais podem, às vezes, tornar a depuração mais desafiadora porque a lógica é separada dos métodos de salvar ou excluir.

- **Encadeamento de gerentes personalizados**: Os gestores personalizados podem ser encadeados para consultas mais complexas, mas certifique-se de que os métodos de cada gestor devolvem objectos **QuerySet** para que possa encadear as chamadas.
- **Acessibilidade dos gerentes**: Entenda que o primeiro gerenciador que o Django encontra (na ordem em que eles são definidos no modelo) se torna o gerenciador padrão (**_default_manager**) usado pelas operações automáticas de banco de dados do Django.

Utilizar sinais e gerenciadores de modelos personalizados permite que você escreva aplicações Django mais limpas e de melhor manutenção, encapsulando a lógica dentro do código do seu modelo e mantendo suas views e templates mais simples e mais focadas na lógica de apresentação. Eles são ferramentas poderosas que, quando usadas apropriadamente, podem melhorar significativamente seus projetos Django.

CAPÍTULO 9

Trabalhar com ficheiros estáticos e de multimédia

9.1 Gerir ficheiros estáticos (CSS, JavaScript, imagens)

No Django, os ficheiros estáticos referem-se a um conjunto de ficheiros que são necessários para a sua aplicação web mas que não mudam ou requerem processamento, tais como CSS, JavaScript e ficheiros de imagem. Gerenciar adequadamente esses arquivos é crucial para a organização, manutenção e desempenho de suas aplicações web. O Django fornece um sistema robusto para lidar com esses arquivos de forma eficiente, garantindo que eles sejam acessíveis em seus modelos e armazenados corretamente em seus servidores.

9.1.1 Configurar ficheiros estáticos

1. **Configuração**:

Primeiro, defina onde o Django deve procurar por arquivos estáticos nas suas aplicações definindo o **STATICFILES_DIRS** no seu **settings.py**. Você também deve especificar o caminho onde os arquivos estáticos devem ser coletados com **STATIC_ROOT**, e a URL através da qual eles serão acessíveis com **STATIC_URL**:

```
STATIC_URL = '/static/'
STATICFILES_DIRS = [os.path.join(BASE_DIR, 'static'),]
STATIC_ROOT = os.path.join(BASE_DIR, 'staticfiles')
```

- **STATIC_URL** especifica o URL a utilizar quando se faz referência a ficheiros estáticos.
- **STATICFILES_DIRS** é uma lista de diretórios do sistema de ficheiros a verificar ao carregar ficheiros estáticos; é
utilizado no desenvolvimento para servir ficheiros carregados pelo utilizador.
- **STATIC_ROOT** é o diretório para onde os ficheiros estáticos serão recolhidos. Não é utilizado no desenvolvimento; é antes utilizado quando executa **o collectstatic**, que recolhe todos os ficheiros estáticos para este diretório, pronto para ser implementado.

2. **Servindo arquivos estáticos no desenvolvimento:**

Durante o desenvolvimento, o servidor de desenvolvimento do Django serve automaticamente os ficheiros estáticos encontrados nas pastas **estáticas** das suas aplicações e aqueles especificados em **STATICFILES_DIRS**. Entretanto, isso só é adequado para desenvolvimento, não para produção.

3. **Utilizar o comando collectstatic:**

Quando estiver pronto para mover seu projeto para um ambiente de produção, execute o comando **manage.py collectstatic**. Isto recolhe todos os seus ficheiros estáticos de cada uma das suas aplicações (e quaisquer outras localizações especificadas por **STATICFILES_DIRS**) para o diretório **STATIC_ROOT**.

```
python manage.py collectstatic
```

Este comando copia todos os ficheiros das suas pastas estáticas para o diretório **STATIC_ROOT**, criando um único local a partir do qual todos os ficheiros estáticos podem ser acedidos.

9.1.2 Referenciar ficheiros estáticos em modelos

Para usar seus arquivos estáticos dentro dos seus templates Django, faça uso da tag de template **{% static %}**, que gera a URL absoluta dos arquivos estáticos.

1. **Carrega a etiqueta de modelo estático**:

Antes de utilizar ficheiros estáticos nos seus modelos, certifique-se de que carregou a etiqueta de modelo **estático** no topo do seu ficheiro de modelo:

```
{% load static %}
```

2. **Usando a tag de modelo {% static %} Tag de modelo:**

Utilize a etiqueta de modelo **{% static %}** para criar o URL para ficheiros estáticos com base no valor da definição **STATIC_URL**:

```
<link rel="stylesheet" href="{% static 'css/style.css' %}">
<script src="{% static 'js/app.js' %}"></script>
<img src="{% static 'images/logo.png' %}" alt="Logótipo">
```

9.1.3 Melhores práticas para gerir ficheiros estáticos

- **Controle de versão**: Considere a possibilidade de versionar os seus ficheiros estáticos, especialmente os ficheiros CSS e JavaScript, para evitar problemas com o cache do browser quando estes ficheiros são actualizados.
- **Otimização**: Utilize ferramentas para minificar e concatenar os seus ficheiros CSS e JavaScript, reduzindo o
o número de pedidos e o tamanho dos ficheiros estáticos servidos aos utilizadores.
- **Hospedagem CDN**: Para melhorar o desempenho, especialmente em sites com muito tráfego, considere a possibilidade de servir ficheiros estáticos a partir de uma Rede de distribuição de conteúdos (CDN).
- **Segurança**: Assegurar que os ficheiros carregados pelo utilizador (geralmente geridos como ficheiros multimédia e não como ficheiros estáticos)
são tratados de forma adequada para evitar vulnerabilidades de segurança.

Gerir corretamente os ficheiros estáticos é fundamental para o bom funcionamento das suas aplicações web Django, garantindo que o layout, estilos e interatividade do seu site funcionam de forma consistente em diferentes navegadores e dispositivos.

9.2 Carregamento e tratamento de ficheiros multimédia

No Django, arquivos de mídia são tipicamente conteúdo carregado pelo usuário, como imagens, documentos ou outros arquivos multimídia. Ao contrário de arquivos estáticos, que são inalterados e carregados do mesmo local, arquivos de mídia são dinâmicos e podem ser carregados por usuários durante o tempo de execução da sua aplicação. O tratamento adequado destes ficheiros é crucial para funcionalidades como perfis de utilizador, sistemas de gestão de conteúdos ou qualquer aplicação que exija o carregamento de ficheiros pelo utilizador.

9.2.1 Configurar o tratamento de ficheiros multimédia

1. **Configuração**:

Primeiro, é necessário configurar algumas definições no seu ficheiro **settings.py** para tratar eficazmente os ficheiros multimédia:

- **MEDIA_ROOT**: O caminho absoluto do sistema de arquivos para o diretório onde você gostaria que o Django armazenasse os arquivos enviados. (e.g., **/media/**)

MEDIA_ROOT = os.path.join(BASE_DIR, 'media')

- **MEDIA_URL**: O URL que serve os ficheiros multimédia carregados pelos utilizadores, relativamente ao
domínio do seu site Django. (por exemplo, http: //example.com/media/)

MEDIA_URL = '/media/'

2. **Servir ficheiros multimédia em desenvolvimento:**

Durante o desenvolvimento, pode servir ficheiros multimédia carregados pelo utilizador adicionando as seguintes linhas ao ficheiro **urls.py** do seu projeto:

```
from django.conf import settings
from django.conf.urls.static import static
padrões de url = [
# ... o resto do seu URLconf vai aqui ...
] + static(settings.MEDIA_URL, document_root=settings.MEDIA_ROOT)
```

Esta opção é adequada para o desenvolvimento, mas **não é recomendada para a produção** devido a problemas de ineficiência e segurança.

9.2.2 Tratamento de carregamentos de ficheiros em formulários

Para lidar com os uploads de ficheiros, irá utilizar um Django **Form** ou **ModelForm** com um **FileField** ou **ImageField**.

1. **Configuração do formulário**:

Defina um formulário com um **FileField** ou **ImageField**: **from django import forms**

```
class UploadFileForm(forms.Form):
```

```
título = forms.CharField(max_length=50)
file = forms.FileField()
```

2. **Ver lógica:**

Na sua vista, trate o carregamento do ficheiro com a validação adequada. Certifique-se de que inclui **request.FILES** na instanciação do seu formulário:

```
from django.shortcuts import render
from .forms import UploadFileForm
def upload_file(request):
se request.method == 'POST':
form = UploadFileForm(request.POST, request.FILES)
se form.is_valid():
# Tratar o ficheiro carregado
handle_uploaded_file(request.FILES['file'])
return HttpResponseRedirect('/success/url/')
e mais:
form = UploadFileForm()
return render(request, 'upload.html', {'form': form})
```

Definir a função **handle_uploaded_file** para guardar o ficheiro carregado.

3. **Configuração do modelo:**

Certifique-se de que o seu modelo inclui **enctype="multipart/form-data"** no elemento do formulário, o que é necessário para o browser carregar ficheiros.

```
<form method="post" enctype="multipart/form-data">
{% csrf_token %}
{{ form.as_p }}
<button type="submit">Carregar</button>
</form>
```

9.2.3 Melhores práticas para gerir ficheiros multimédia

- **Segurança**: Valide os ficheiros carregados para garantir que correspondem às suas expectativas, tanto em termos de ficheiro como de
tipo e tamanho do ficheiro. Trate sempre os ficheiros carregados pelo utilizador com cuidado e evite executá-los como código.
- **Armazenamento de ficheiros**: Para produção, considere usar um serviço dedicado de armazenamento de arquivos como Amazon S3 ou Google Cloud Storage. O Django pode ser configurado para usar esses serviços para armazenamento de arquivos com a ajuda de pacotes como **django-storages**.
- **Servindo arquivos**: Em produção, nunca sirva arquivos de mídia com Django. Use um servidor web como Nginx ou um serviço de nuvem para servir os arquivos.
- **Interface do utilizador**: Fornecer feedback aos utilizadores depois de carregarem ficheiros e considerar a implementação de indicadores de progresso para grandes carregamentos.

Lidar com arquivos de mídia de forma eficiente e segura é crucial para qualquer aplicação web que permite o upload de arquivos. Configurando o Django adequadamente e seguindo as melhores práticas, é possível criar sistemas robustos para os utilizadores carregarem e gerirem conteúdos.

9.3 Configuração do armazenamento estático de ficheiros e suportes de dados

Configurar arquivos estáticos e armazenamento de mídia no Django é crucial para servir eficientemente ativos estáticos e lidar com arquivos de mídia carregados pelo usuário. A configuração adequada garante que sua aplicação gerencie esses arquivos de forma eficaz, suportando aplicações web escaláveis, de manutenção e de desempenho. Aqui está como definir e configurar o armazenamento para ambos os arquivos estáticos e arquivos de mídia no Django.

9.3.1 Configuração de ficheiros estáticos

Os ficheiros estáticos incluem os ficheiros CSS, JavaScript e de imagem que normalmente não são alterados após a implementação. São essenciais para a apresentação front-end da sua aplicação Web.

1. **Definições Configuração**:

- **STATIC_URL** é o URL a utilizar quando se faz referência a ficheiros estáticos localizados em **STATIC_ROOT**.

STATIC_URL = '/static/'

- **STATIC_ROOT** é o diretório para onde os ficheiros estáticos serão recolhidos quando o comando **collectstatic** for executado. Este deve ser um diretório vazio que não esteja sob seu controle de origem.

STATIC_ROOT = os.path.join(BASE_DIR, 'staticfiles')

- **STATICFILES_DIRS** é uma lista de diretórios onde o Django irá procurar por arquivos estáticos adicionais, além do diretório **estático** de cada app.

STATICFILES_DIRS = [os.path.join(BASE_DIR, 'static'),]

2. **Utilizar o comando collectstatic:**

Assim que as suas definições estiverem configuradas, execute o comando **collectstatic** para recolher todos os seus ficheiros estáticos em **STATIC_ROOT**. O comando **collectstatic** analisa todos os diretórios da sua aplicação e recolhe todos os ficheiros das suas pastas **estáticas** para a localização especificada por **STATIC_ROOT**.

python manage.py collectstatic

Este comando deve ser executado sempre que implementar a sua aplicação para garantir que todos os seus ficheiros estáticos são actualizados e estão disponíveis em **STATIC_ROOT**.

9.3.2 Configuração dos ficheiros multimédia

Os ficheiros multimédia são normalmente conteúdos carregados pelo utilizador, como imagens de perfil de utilizador, documentos ou outros ficheiros gerados pelo utilizador.

1. **Definições Configuração**:

- **MEDIA_URL** é o URL que trata os meios de comunicação servidos a partir de **MEDIA_ROOT**, utilizado para gerir ficheiros armazenados.

MEDIA_URL = '/media/'

- **MEDIA_ROOT** é o caminho do sistema de ficheiros para o diretório que irá conter os ficheiros carregados pelo utilizador.

MEDIA_ROOT = os.path.join(BASE_DIR, 'media')

2. **Servir ficheiros multimédia**:

Durante o desenvolvimento, você pode fazer o Django servir arquivos de mídia carregados pelo usuário adicionando as seguintes linhas ao **urls.py** do seu projeto:

```
from django.conf import settings
from django.conf.urls.static import static
padrões de url = [
# ... os padrões do url do seu projeto
] + static(settings.MEDIA_URL, document_root=settings.MEDIA_ROOT)
```

Em um ambiente de produção, o Django não serve arquivos de mídia ele mesmo; eles devem ser servidos por um servidor web dedicado ou um armazenamento baseado em nuvem.

9.3.3 Utilizar o armazenamento na nuvem

Para ambientes de produção, especialmente em aplicações escaláveis, é comum descarregar ficheiros estáticos e multimédia para um serviço de armazenamento na nuvem, como o Amazon S3, o Google Cloud Storage ou o Microsoft Azure Storage.

1. **Backends de armazenamento**:

Utilize backends de armazenamento como o **django-storages** que fornece backends de armazenamento personalizados para trabalhar com diferentes provedores de armazenamento em nuvem.

2. **Configuração**:

Ajuste seu **settings.py** para usar o respetivo backend de armazenamento, fornecendo as credenciais necessárias e os nomes dos buckets. Por exemplo, usar **o django-storages** com o Amazon S3 pode ser assim:

```
DEFAULT_FILE_STORAGE = 'storages.backends.s3boto3.S3Boto3Storage'
AWS_ACCESS_KEY_ID = 'your-access-key'
```

AWS_SECRET_ACCESS_KEY = 'your-secret-key'
AWS_STORAGE_BUCKET_NAME = 'your-bucket-name'

Certifique-se de que as definições de backend de armazenamento dos seus ficheiros estáticos e multimédia apontam para o seu armazenamento na nuvem.

9.3.4 Melhores práticas

- **Use o controle de versão para arquivos estáticos**: Implemente o controle de versão para ajudar a gerenciar atualizações de arquivos CSS ou JavaScript e evitar problemas com o armazenamento em cache do navegador.
- **Otimizar ficheiros**: Reduza os ficheiros CSS e JavaScript e optimize as imagens para reduzir os tempos de carregamento e a utilização da largura de banda.
- **Uploads de mídia seguros**: Valide o tipo e o tamanho dos ficheiros carregados e nunca execute ficheiros carregados pelo utilizador como código para evitar vulnerabilidades de segurança.
- **Estratégia de cópia de segurança**: Faça regularmente cópias de segurança dos seus ficheiros multimédia, especialmente se estiverem armazenados num sistema de ficheiros local ou se a eliminação desses ficheiros puder levar à perda de dados.

A configuração adequada do armazenamento de ficheiros estáticos e multimédia no Django não só garante a robustez e a eficiência da sua aplicação, como também melhora a experiência geral do utilizador, garantindo tempos de carregamento rápidos e um acesso fiável ao conteúdo multimédia.

CAPÍTULO 10

Teste e implementação

10.1 Escrevendo e executando testes no Django

Os testes são uma parte crítica do desenvolvimento web que garante que a sua aplicação se comporta como esperado antes de chegar aos seus utilizadores. O Django fornece um framework embutido para escrever e executar testes, o que ajuda a manter uma base de código robusta e livre de erros. Veja como você pode aproveitar o framework de testes do Django para escrever e executar testes de forma eficaz.

10.1.1 Escrevendo testes no Django

1. **Tipos de teste**:

- **Testes unitários**: Concentram-se em pequenas partes da sua aplicação, como funções ou métodos individuais.
- **Testes de integração**: Verificar se as diferentes partes da sua aplicação funcionam em conjunto como esperado.
- **Testes de ponta a ponta**: Teste toda a aplicação do início ao fim, simulando o utilizador real interações.

2. **Criar um caso de teste**:

- O Django usa um módulo da biblioteca padrão do Python: **unittest**. Você cria testes subclasseando **django.test.TestCase**, que é uma extensão de **unittest.TestCase** que executa cada teste dentro de uma transação para prover isolamento.

```
from django.test import TestCase
from myapp.models import MyModel
classe MyModelTestCase(TestCase):
def setUp(self):
MyModel.objects.create(name="apenas um teste")
def test_model_can_create(self):
"""Testar se o modelo MyModel consegue criar um registo."""
record = MyModel.objects.get(name="just a test")
self.assertEqual(registo.nome, "apenas um teste")
```

- O método **setUp** é chamado antes de cada teste para configurar quaisquer objectos de que o teste necessite.

Os métodos de ensaio devem começar com a palavra **ensaio**.

3. **Visualizações de testes:**

- O Django fornece uma classe **Client** para simular um utilizador a interagir com o código ao nível da vista. Você pode usá-la para testar se suas views retornam os códigos de status HTTP, templates e dados de contexto corretos.

```
def test_view_status_code(self):
response = self.client.get('/myurl/')
self.assertEqual(response.status_code, 200)
```

- Também pode testar pedidos POST e submissões de formulários utilizando o método **client.post()**.

10.1.2 Execução de testes

- Para executar os seus testes, utilize o comando **test** do utilitário **manage.py** do seu projeto:

```
python manage.py teste
```

- Django irá descobrir testes em qualquer arquivo nomeado com o padrão **test*.py**.

10.1.3 Melhores práticas de teste

1. **Isolamento**: Mantenha os seus testes isolados. Eles não devem depender do estado de testes anteriores ou de dados externos.
2. **Cobertura**: Tenha como objetivo uma cobertura de teste completa, garantindo que todas as partes da sua aplicação são testadas, mas tenha também em atenção que não deve escrever testes redundantes.

3. **Dados de Teste**: Use o **TestCase** do Django para garantir que seus testes sejam executados com um banco de dados limpo a cada vez. Considere usar fixtures ou factories para criar dados de teste.
4. **Simulação**: Utilize a simulação para simular cenários complexos, serviços externos ou para evitar o acionamento de efeitos secundários indesejados.
5. **Integração contínua**: Integre seus testes em um pipeline CI/CD para garantir que eles sejam executados automaticamente quando você fizer o commit do seu código, ajudando a detetar problemas antecipadamente.
6. **Legibilidade**: Escreva testes que sejam fáceis de ler e entender. Um código de teste claro pode servir como documentação para o código da sua aplicação.
7. **Testes de regressão**: Quando corrigir um erro, escreva um teste para garantir que o erro não se repete no futuro.

10.1.4 Cenários de teste avançados

- **Selenium/WebDriver**: Para testar a interface do utilizador ou o front-end, pode considerar a utilização de ferramentas como
Selenium ou WebDriver para escrever testes de ponta a ponta que simulam interações reais do utilizador com um browser.
- **LiveServerTestCase do Django**: Use isso para testes de servidor ao vivo que envolvem o servidor rodando enquanto os testes são executados, especialmente útil em combinação com Selenium.

Ao integrar uma suite de testes abrangente no seu projeto Django, garante que a sua aplicação é menos propensa a bugs e regressões, tornando a sua base de código mais fácil de manter e a sua aplicação mais fiável.

10.2 Estratégias de implementação e melhores práticas

A implementação de uma aplicação Django envolve a transferência do seu código de um ambiente de desenvolvimento para um ambiente de produção onde pode ser acessível aos utilizadores. Esse processo precisa ser tratado com cuidado para garantir que a aplicação permaneça estável, segura e escalável. Aqui estão algumas estratégias e práticas recomendadas a serem consideradas para uma implantação bem-sucedida do Django.

10.2.1 Estratégias de implantação

1. **Escolher o serviço de alojamento correto**: Selecione um serviço de alojamento que satisfaça as necessidades do seu projeto. As opções incluem:

- **IaaS (Infraestrutura como um serviço)**: Serviços como o AWS EC2, o Google Compute Engine ou as Máquinas Virtuais do Azure oferecem controlo total sobre o servidor, exigindo a gestão de actualizações, segurança e escalabilidade.
- **PaaS (Plataforma como um serviço)**: Plataformas como o Heroku, o Google App Engine ou o AWS Elastic Beanstalk fornecem ambientes especificamente concebidos para a implementação de aplicações Web, tratando grande parte da gestão do servidor por si.
- **Contêineres**: A utilização do Docker e do Kubernetes pode simplificar a implementação, garantindo a consistência entre ambientes, facilitando a escalabilidade e melhorando a fiabilidade.

2. **Automatizar a implantação**: Utilize ferramentas como Jenkins, GitLab CI/CD, GitHub Actions ou Ansible para automatizar o processo de implantação. A automação reduz o erro humano, padroniza as tarefas de implantação e acelera o processo geral.
3. **Implantação azul-verde**: Esta estratégia envolve dois ambientes de produção idênticos, um (Azul) que aloja atualmente a aplicação em funcionamento e o outro (Verde) que está a ser preparado com a nova versão. Assim que o teste estiver concluído no ambiente Verde, o tráfego é transferido, minimizando o tempo de inatividade.
4. **Lançamentos Canary**: Implementar gradualmente a alteração a um pequeno subconjunto de utilizadores antes de a implementar em toda a infraestrutura. Esta abordagem ajuda a detetar erros ou problemas imprevistos sem afetar todos os utilizadores.

10.2.2 Melhores práticas de implementação

1. **Utilizar o controlo de versões**: Implante sempre a sua aplicação a partir de um sistema de controlo de versões (VCS). As etiquetas ou versões podem ser usadas para marcar um estado específico de implantação da aplicação.
2. **Gerir definições**: Separe suas configurações de desenvolvimento e produção. Use variáveis de ambiente para gerenciar informações confidenciais e configurações diferentes, como credenciais de banco de dados, chaves de API e configurações de depuração.
3. **Migrações de bases de dados**: Trate as alterações à base de dados com cuidado. Execute as migrações como um passo separado no seu processo de implementação e faça uma cópia de segurança da sua base de dados antes de efetuar alterações.
4. **Ficheiros estáticos e multimédia**: Configure o tratamento adequado dos ficheiros estáticos e do conteúdo carregado pelo utilizador. Considere a utilização de armazenamento na nuvem, como o Amazon S3, para ficheiros multimédia e garanta que os seus ficheiros estáticos são servidos de forma eficiente, possivelmente através de uma CDN.
5. **Segurança**: Implemente SSL/TLS para encriptar os dados transmitidos de e para a sua aplicação. Regularmente atualize suas dependências para as últimas versões seguras. Siga as melhores práticas de segurança, como usar as proteções embutidas do Django contra ataques XSS, CSRF e Injeção de SQL.
6. **Monitorização e registo**: Configure a monitorização da sua aplicação para o alertar para qualquer tempo de inatividade ou erros, e mantenha registos do funcionamento da sua aplicação. Ferramentas como Sentry, New Relic ou Datadog podem oferecer informações sobre o desempenho da aplicação e possíveis problemas.
7. **Escalabilidade**: Certifique-se de que a sua estratégia de implementação permite escalar a sua aplicação. Isto pode envolver o escalonamento horizontal do seu servidor Web, a otimização da sua base de dados ou a utilização de um balanceador de carga para distribuir o tráfego.
8. **Teste o processo de implantação**: Teste regularmente o seu processo de implementação num ambiente que espelhe a produção o mais fielmente possível para evitar surpresas quando for implementado no ambiente real.
9. **Documentação**: Mantenha uma documentação completa do seu processo de implantação, configuração do ambiente e quaisquer etapas manuais necessárias. Esta documentação é valiosa para a resolução de problemas, futuras implementações e novos membros da equipa.
10. **Plano de reversão**: Tenha sempre um plano para reverter sua implantação se algo der errado. Isto pode envolver a restauração de cópias de segurança, a mudança para uma etiqueta de contentor anterior ou a utilização de uma versão anterior no seu sistema de controlo de versões.

Implantar uma aplicação Django com sucesso requer um planejamento cuidadoso, automação confiável, e atenção às melhores práticas em segurança, escalabilidade e desempenho. Ao aderir a essas estratégias e melhores práticas, você pode garantir implantações suaves e confiáveis que fornecem uma base sólida para os usuários da sua aplicação e desenvolvimento contínuo.

10.3 Monitorização e otimização do desempenho

Garantir que a sua aplicação Django tem um desempenho ótimo e permanece disponível para os utilizadores requer uma monitorização contínua e optimizações regulares do desempenho. O monitoramento eficaz ajuda na identificação proativa de problemas, enquanto a otimização do desempenho melhora a experiência do usuário e a eficiência dos recursos. Aqui está um guia para monitorar e otimizar sua aplicação Django.

10.3.1 Controlo

1. **Monitorização do desempenho das aplicações (APM)**:

- Utilize ferramentas APM como New Relic, Datadog ou Sentry para monitorizar o tempo de execução da sua aplicação, detetar excepções, acompanhar pedidos e observar os tempos de resposta. Essas ferramentas fornecem informações sobre como as alterações de código afetam o desempenho e ajudam a identificar gargalos.

2. **Controlo de erros**:
- Implemente o acompanhamento de erros para capturar excepções e registar erros. Ferramentas como Sentry, Rollbar ou LogRocket podem alertá-lo em tempo real sobre problemas que afectam os seus utilizadores, permitindo respostas rápidas aos problemas.
3. **Registo**:
- Configure o framework de logging do Django para capturar logs detalhados, especialmente para ambientes de produção. Garanta que os logs incluam contexto suficiente para diagnosticar problemas, e considere logs estruturados para facilitar a análise dos logs.
4. **Monitorização de infra-estruturas**:
- Monitorizar os recursos do servidor (CPU, utilização da memória, E/S do disco, largura de banda da rede) utilizando ferramentas como o Nagios, o Zabbix ou ferramentas específicas do fornecedor de serviços na nuvem, como o Amazon CloudWatch. Isto ajuda a identificar estrangulamentos relacionados com os recursos ou a alertar para condições críticas, como pouco espaço em disco.
5. **Desempenho da base de dados**:
- Monitorize regularmente o desempenho da sua base de dados. Utilize ferramentas específicas da base de dados para analisar as consultas lentas, a utilização de índices e o estado geral da base de dados. A otimização das consultas e a adição de índices adequados podem melhorar significativamente o desempenho.

10.3.2 Otimização do desempenho

1. **Otimização de consultas**:
- Use o **select_related** e **prefetch_related** do Django para reduzir o número de consultas ao banco de dados, especialmente em visualizações de lista.
- Revise regularmente suas consultas e use a barra de ferramentas de depuração do Django para identificar consultas duplicadas ou lentas.
2. **Armazenamento em cache**:
- Implemente estratégias de cache para reduzir a carga do banco de dados e acelerar o tempo de resposta. Use o framework de cache embutido do Django para armazenar em cache visualizações inteiras, conjuntos de consultas ou segmentos específicos de seus modelos.
- Considere a utilização de uma camada de cache como o Redis ou o Memcached para armazenar dados de sessão, cálculos dispendiosos em cache ou armazenar objectos frequentemente acedidos.
3. **Ficheiros e suportes estáticos**:
- Certifique-se de que os seus ficheiros estáticos estão a ser servidos de forma eficiente, de preferência através de uma Rede de distribuição de conteúdos (CDN) para minimizar a latência.
Optimize as imagens e reduza os ficheiros CSS e JavaScript para reduzir os tempos de carregamento e a utilização da largura de banda.
4. **Indexação de bases de dados**:
- Adicione índices às tabelas da sua base de dados para acelerar os tempos de consulta, mas faça-o com cuidado, pois o excesso de índices pode tornar as operações de escrita mais lentas.
5. **Processamento assíncrono**:
- Transfira tarefas demoradas, como enviar e-mails, processar imagens ou fazer solicitações de API externas para tarefas assíncronas usando Celery ou Django-Q.
6. **Utilização de middleware**:
- Reveja a sua pilha de middleware em **settings.py** para garantir que apenas o middleware necessário está a ser processado em cada ciclo de pedido/resposta.
7. **Otimização de modelos**:
- Optimize os seus modelos reduzindo a lógica e as consultas à base de dados nos modelos, utilizando o armazenamento em cache de fragmentos de modelos e minimizando o tamanho dos dados de contexto transmitidos aos modelos.
8. **Perfilamento de código**:
- Ocasionalmente faça um perfil do seu código para encontrar gargalos. Ferramentas como Django

Silk ou cProfile podem ajudar a identificar funções e métodos lentos.

9. **Desempenho do front-end**:

- Otimizar os activos front-end e a entrega: utilizar o carregamento assíncrono para JavaScript, otimizar a entrega de CSS, carregar imagens lazy e aproveitar a cache do browser.

10. **Actualizações regulares**:

- Mantenha o Django e todas as dependências atualizadas. Novas versões geralmente vêm com melhorias de desempenho, patches de segurança e novos recursos que podem aumentar a eficiência do seu aplicativo.

10.3.3 Melhoria contínua

- **Ciclo de feedback**: Estabeleça um ciclo de feedback utilizando as suas ferramentas de monitorização para avaliar continuamente o impacto das optimizações de desempenho e fazer os ajustes necessários.
- **Teste de carga**: Efectue periodicamente testes de carga (utilizando ferramentas como o Apache JMeter ou o Locust) para simular um tráfego elevado e identificar o comportamento da sua aplicação sob tensão.

A monitorização e a otimização do desempenho são processos contínuos que contribuem significativamente para a estabilidade, velocidade e fiabilidade da sua aplicação Django. Dedicar tempo regularmente a estes aspectos pode levar a melhorias substanciais na experiência do utilizador e na utilização de recursos.

CAPÍTULO 11

Estrutura REST e APIs do Django

11.1 Introdução à estrutura REST do Django

O Django REST Framework (DRF) é um conjunto de ferramentas poderoso e flexível para construir APIs Web em Django. Ele foi projetado para facilitar a criação de APIs RESTful de forma rápida e eficiente. DRF tira vantagem das funcionalidades centrais do Django, estendendo-as para trabalhar melhor com requisições e respostas HTTP, serialização, e outras caraterísticas relacionadas a APIs. Aqui está uma visão geral do que o DRF oferece e porque ele é amplamente usado no ecossistema Django.

11.1.1 Principais caraterísticas da estrutura REST do Django

1. **Serialização**: O DRF fornece serializadores que permitem que tipos de dados complexos, como querysets e model
para serem convertidas em tipos de dados Python nativos que podem ser facilmente processados em JSON, XML ou outros tipos de conteúdo. Os serializadores também fornecem desserialização, permitindo que os dados analisados sejam convertidos novamente em tipos complexos.
2. **API navegável**: Uma das caraterísticas mais apreciadas do DRF é a sua API navegável, que facilita aos programadores a depuração e a interação com a API diretamente a partir do browser. Fornece uma documentação visualmente agradável e interactiva para a sua API.
3. **Autenticação e permissões**: O DRF vem com um sistema flexível de autenticação e permissões. Ele suporta vários esquemas de autenticação, como Autenticação Básica, Autenticação Token e OAuth, e também permite implementar métodos de autenticação personalizados. As permissões podem ser definidas globalmente, ao nível da vista ou ao nível do objeto, garantindo que apenas os utilizadores autorizados podem aceder ou modificar determinados recursos.
4. **ViewSets e Routers**: Os ViewSets do DRF permitem-lhe combinar a lógica de várias vistas relacionadas numa única classe, reduzindo a duplicação de código. Os routers funcionam com os ViewSets para gerar automaticamente padrões de URL para a sua API, tratando da complexidade de definir URLs manualmente.
5. **Visões genéricas e mixins**: O DRF fornece um conjunto de vistas genéricas que cobrem padrões comuns, como a criação, atualização, eliminação e listagem de recursos. Os mixins podem ser usados para adicionar comportamentos comuns às suas classes de visualização, como recuperar ou modificar um objeto.

11.1.2 Por que usar o Django REST Framework?

- **Desenvolvimento eficiente**: O DRF foi concebido para ajudar os programadores a criar APIs mais rapidamente, fornecendo um conjunto de ferramentas e metodologias prontamente disponíveis para a maioria das tarefas envolvidas no desenvolvimento de APIs.
- **Escalabilidade**: A estrutura foi criada para suportar aplicações de pequena escala com um mínimo de
requisitos de recursos e aplicações em grande escala que necessitam de servir milhões de utilizadores.
- **Flexibilidade**: O DRF é altamente personalizável. Os programadores podem optar por utilizar o modelo pronto a utilizar
ou aprofundar e utilizar os poderosos blocos de construção fornecidos pela estrutura para criar soluções personalizadas.
- **Suporte da Comunidade**: Sendo um dos frameworks mais populares no ecossistema Django, DRF tem uma comunidade grande e ativa. Isso significa que muitos pacotes de terceiros, extensões e documentação abrangente estão disponíveis.

Integração: Integra-se perfeitamente com as classes ORM e modelo do Django, mas também é suficientemente flexível para trabalhar com outras fontes de dados ou sistemas ORM.

11.1.3 Introdução ao Django REST Framework

Para começar a usar o Django REST Framework, você precisará instalá-lo e adicioná-lo ao seu projeto Django:

1. **Instalação**:

```
pip install djangorestframework
```

2. **Adicionar às aplicações instaladas:**

Inclua o DRF no seu **INSTALLED_APPS** dentro do **settings.py**:

```
APLICAÇÕES INSTALADAS = [
...
'rest_framework',
```

3. **Crie sua primeira API:**

Defina serializadores para seus modelos, crie visualizações usando as visualizações genéricas do DRF ou viewsets, e configure o roteamento com os roteadores do DRF ou a configuração padrão de URL do Django.

O Django REST Framework oferece um poderoso conjunto de ferramentas para a construção de APIs, combinando facilidade de uso com flexibilidade sem igual. Quer esteja a construir uma API simples para uma pequena aplicação web ou uma API complexa que sirva milhões de utilizadores, o DRF tem as funcionalidades de que necessita para tornar o seu trabalho mais fácil e o seu código mais sustentável.

11.2 Criando APIs RESTful com Django

A construção de APIs RESTful com Django é simplificada e eficiente, especialmente quando se usa o Django REST Framework (DRF), um conjunto de ferramentas poderoso e flexível para a construção de APIs web. O DRF foi projetado para funcionar perfeitamente com a funcionalidade principal do Django, tornando simples transformar seu aplicativo Django existente em uma API moderna. Aqui está como você pode construir APIs RESTful utilizando as capacidades do Django e DRF.

11.2.1 Configuração da estrutura REST do Django

1. **Instalar o Django REST Framework**: Adicione o Django REST Framework ao seu ambiente usando

pip:

```
pip install djangorestframework
```

2. **Atualize as Apps Instaladas:** Inclua **'rest_framework'** no seu **INSTALLED_APPS** dentro do **settings.py** do seu projeto Django:

```
APLICAÇÕES INSTALADAS = [
...
'rest_framework',
]
```

11.2.2 Criar um Serializador

Os serializadores no DRF permitem que dados complexos, como conjuntos de consultas e instâncias de modelos, sejam convertidos em tipos de dados Python nativos que podem ser facilmente renderizados em JSON, XML ou outros tipos de conteúdo. Eles também fornecem desserialização, permitindo que os dados analisados sejam convertidos novamente em tipos complexos, após a primeira validação dos dados recebidos.

1. **Defina uma classe de serializador**: Crie um novo ficheiro **serializers.py** no diretório da sua aplicação e defina um serializador para o seu modelo.

```
from rest_framework import serializers
from myapp.models import MyModel
class MyModelSerializer(serializers.ModelSerializer):
classe Meta:
modelo = MeuModelo
campos = ['id', 'field1', 'field2']
```

Esta classe de serializador especifica o modelo com que trabalhar e os campos a incluir.

11.2.3 Criar vistas utilizando DRF

O DRF fornece um conjunto de vistas que podem ser utilizadas para tratar operações comuns de API. A classe **ViewSet** em DRF, quando combinada com routers, fornece uma forma fácil de determinar automaticamente o URL conf para a sua API.

1. **Utilização de ViewSets**:

```
from rest_framework import viewsets
from myapp.models import MyModel
from .serializers import MyModelSerializer class MyModelViewSet(viewsets.ModelViewSet):
queryset = MyModel.objects.all()
serializer_class = MyModelSerializer
```

Este conjunto de vistas fornecerá automaticamente acções **de listagem, criação, recuperação, atualização** e **destruição.**

2. **Ligação de ViewSets a URLs:**

Use as classes de roteador do DRF para conectar automaticamente seus URLs de API. No seu **urls.py**, adicione:

```
from rest_framework.routers import DefaultRouter
from myapp.views import MyModelViewSet
router = DefaultRouter()
router.register(r'mymodel', MyModelViewSet)
padrões de url = [
...
caminho('', include(router.urls)),
]
```

11.2.4 Autenticação e permissões

Proteja a sua API adicionando classes de autenticação e permissão às suas vistas ou globalmente no seu **settings.py**.

1. **Definir a autenticação global**:

No seu **settings.py**, pode adicionar:

```
REST_FRAMEWORK = {
'DEFAULT_AUTHENTICATION_CLASSES': [
'rest_framework.authentication.SessionAuthentication',
],
'DEFAULT_PERMISSION_CLASSES': [
'rest_framework.permissions.IsAuthenticated',
],
}
```

2. **Autenticação e permissões por visualização:**

Em alternativa, defina a autenticação e as permissões diretamente nos seus conjuntos de visualizações.

```
from rest_framework.permissions import IsAuthenticated
from rest_framework.authentication import TokenAuthentication
class MyModelViewSet(viewsets.ModelViewSet):
...
authentication_classes = [TokenAuthentication]
permission_classes = [IsAuthenticated]
```

11.2.5 Testar a API

Certifique-se de que testa exaustivamente os seus pontos de extremidade da API, idealmente utilizando a classe **TestCase** incorporada no Django e o **APIClient** do DRF.

```
from rest_framework.test import APITestCase
from rest_framework import status
from django.urls import reverse
classe MyModelTests(APITestCase):
def test_create_mymodel(self):
url = reverse('mymodel-list')
data = {'field1': 'value1', 'field2': 'value2'}
response = self.client.post(url, data, format='json')
```

```
self.assertEqual(response.status_code, status.HTTP_201_CREATED)
```

Seguindo esses passos, você pode construir uma API RESTful robusta, escalável e segura usando o Django e o Django REST Framework, aproveitando todo o poder dos modelos do Django e as abstrações de serialização e viewset do DRF.

11.3 Serializadores, ViewSets e Routers

O Django REST Framework (DRF) simplifica o processo de construção de APIs com Django fornecendo serializadores, viewsets e roteadores. Esses componentes trabalham juntos para criar eficientemente um código legível, sustentável e conciso para sua camada de API. Entender como usar esses elementos efetivamente é a chave para desenvolver APIs RESTful robustas.

11.3.1 Serializadores

Serializadores em DRF traduzem modelos Django em formatos como JSON ou XML e vice-versa. Eles desempenham um papel crucial na validação e desserialização de dados, garantindo que os dados enviados aos clientes ou recebidos deles estejam corretos e seguros.

1. **Definindo um serializador**:

Serializadores são definidos de forma similar ao Django Forms. Para um modelo **MyModel**, um serializador correspondente pode se parecer com isso:

```
from rest_framework import serializers
from .models import MyModel
class MyModelSerializer(serializers.ModelSerializer):
classe Meta:
modelo = MeuModelo
campos = ['id', 'title', 'description']
# ou utilizar '__all__' para incluir todos os campos
```

A classe **ModelSerializer** gera automaticamente um conjunto de campos para si, com base no modelo.

2. **Validação:**

É possível adicionar validação personalizada adicionando métodos à classe do serializador:

```
def validate_title(self, value):
se 'django' não estiver em value.lower():
raise serializers.ValidationError("O título deve incluir a palavra 'django'")
valor de retorno
```

11.3.2 ViewSets

Os ViewSets no DRF abstraem a lógica para o tratamento de operações API comuns, tais como acções de criação, recuperação, atualização ou eliminação. Trabalham com serializadores para gerir operações de queryset através de métodos HTTP.

1. **Criar um ViewSet**:

Um **ModelViewSet** fornece automaticamente as acções padrão **de criação, recuperação, atualização, atualização parcial** e **destruição**:

```
from rest_framework import viewsets
from .models import MyModel
from .serializers import MyModelSerializer
class MyModelViewSet(viewsets.ModelViewSet):
queryset = MyModel.objects.all()
serializer_class = MyModelSerializer
```

2. **Acções personalizadas:**

Pode adicionar acções personalizadas aos seus conjuntos de vistas utilizando o decorador **@action**:

```
from rest_framework.decorators import action
from rest_framework.response import Response
@action(detail=True, methods=['post'])
def set_password(self, request, pk=None):
# A sua lógica personalizada aqui
return Response({'status': 'password set'})
```

11.3.3 Routers

Os routers no DRF trabalham com conjuntos de vistas para gerar automaticamente padrões de URL para a sua API. Tratam de ligar os URLs dos recursos às acções corretas do conjunto de vistas.

1. **Utilizar um router**:

Os routers inspeccionam o seu conjunto de vistas e geram padrões de URL para si:

```
from rest_framework.routers import DefaultRouter from .views import MyModelViewSet
router = DefaultRouter()
router.register(r'mymodel', MyModelViewSet)
padrões de url = [
caminho('', include(router.urls)),
]
```

2. **Routers aninhados:**

Para APIs mais complexas, você pode precisar de recursos aninhados. Bibliotecas como **drf-nested-routers** permitem-lhe criar rotas para recursos aninhados.

3. **Personalização de routers:**

Embora o router predefinido funcione em muitos casos, por vezes pode ser necessário personalizar o comportamento de encaminhamento. Pode estender o **DefaultRouter** e substituir os seus métodos para implementar uma lógica de encaminhamento personalizada.

11.3.4 Melhores práticas

- **Mantenha a lógica nos serializadores**: A lógica comercial, especialmente a validação, deve residir nos serializadores, não nas visualizações ou nos conjuntos de visualizações.
- **Princípio DRY**: Utilize o poder dos conjuntos de visualizações para manter a sua base de código DRY. Evite repetir conjuntos de consulta ou definições de classe de serializador.
- **Segurança**: Certifique-se de que aplica as permissões e classes de autenticação adequadas para proteger a sua API.
- **Testes**: Teste exaustivamente os seus pontos finais da API, considerando vários casos extremos, para garantir que a sua aplicação se comporta como esperado.

A combinação de serializadores, viewsets e roteadores no Django REST Framework permite um desenvolvimento de API limpo, sustentável e eficiente. Essas ferramentas fornecem um alto nível de abstração, permitindo que você se concentre na lógica da sua aplicação em vez de código boilerplate.

CAPÍTULO 12

Para além do básico

12.1 Integração de aplicações de terceiros

Integrar aplicações de terceiros no seu projeto Django pode alargar significativamente a sua funcionalidade, permitindo-lhe incorporar serviços e caraterísticas externas de forma eficiente. Essas integrações podem variar de sistemas de autenticação, gateways de pagamento, serviços de mídia social, ferramentas analíticas, a praticamente qualquer serviço que ofereça uma API. Aqui está um guia sobre como integrar efetivamente aplicativos de terceiros em seu projeto Django.

12.1.1 Escolha de aplicações de terceiros

1. **Avalie a compatibilidade**: Certifique-se de que o aplicativo de terceiros é compatível com sua versão do Django e outras dependências.
2. **Verifique a documentação e o suporte**: Procure bibliotecas bem documentadas com manutenção ativa e suporte da comunidade. Isso garante que você tenha recursos para consultar e uma comunidade para recorrer se encontrar problemas.
3. **Considerar a segurança e a privacidade**: Avalie os aspectos de segurança do serviço de terceiros, especialmente a forma como este trata os dados. Certifique-se de que cumpre os regulamentos de proteção de dados relevantes e as melhores práticas.

12.1.2 Processo de integração

1. **Instale o pacote de terceiros**: A maioria das aplicações de terceiros compatíveis com o Django estão disponíveis como pacotes. Você pode tipicamente instalá-los usando pip, o instalador de pacotes do Python.

```
pip install algum pacote de terceiros
```

2. **Adicionar às Apps Instaladas**: Algumas aplicações Django de terceiros requerem que você as adicione à lista **INSTALLED_APPS** no seu arquivo **settings.py**.

```
APLICAÇÕES INSTALADAS = [
'pacote_de_terceiro_partido',
]
```

3. **Configurar definições**: Os aplicativos de terceiros geralmente exigem configurações específicas. Elas podem incluir chaves de API, URLs de serviço ou opções de configuração personalizadas, que você precisará adicionar ao seu **settings.py**.

```
THIRD_PARTY_SERVICE_API_KEY = 'yourapikey'
```

4. **Executar migrações**: Se a aplicação de terceiros incluir modelos, é provável que tenha de executar migrações para adicionar o respetivo esquema de dados à sua base de dados.

```
python manage.py migrar
```

5. **Implementar a funcionalidade na sua aplicação**: Utilize a funcionalidade fornecida pela aplicação de terceiros nas suas vistas, modelos ou modelos. Isso pode envolver a chamada de APIs externas, o uso de tags de modelo fornecidas ou a extensão de classes existentes.

```
from some_third_party_package import ExternalAPI def my_view(request):
dados = ExternalAPI.get_data()
return render(request, 'my_template.html', {'data': data})
```

12.1.3 Melhores práticas

1. **Minimizar a dependência**: Embora as aplicações de terceiros possam acrescentar um valor significativo, também acrescentam complexidade e potenciais pontos de falha ao seu projeto. Utilize-as criteriosamente, apenas quando proporcionarem benefícios substanciais.
2. **Manter atualizado**: Actualize regularmente os pacotes de terceiros para incorporar patches de segurança, correcções de erros e melhorias.
3. **Proteger informações confidenciais**: Nunca codifique informações sensíveis como chaves de API ou senhas em sua base de código. Use variáveis de ambiente ou as funcionalidades de chave secreta do Django para gerenciá-las de forma segura.

4. **Teste exaustivamente**: Teste a integração exaustivamente num ambiente de desenvolvimento ou de preparação antes de implementar as alterações na produção. Certifique-se de que o serviço de terceiros interage corretamente com a sua aplicação e de que a sua aplicação lida com o tempo de inatividade ou erros do serviço de terceiros de forma graciosa.
5. **Monitorizar o desempenho**: Monitorize o impacto do desempenho da integração de terceiros na sua aplicação e esteja preparado para dimensionar recursos ou efetuar ajustes conforme necessário.

Integrar aplicações de terceiros pode melhorar muito a funcionalidade do seu projeto Django, mas é essencial fazê-lo com cuidado e ponderação para manter a integridade, segurança e desempenho da sua aplicação.

12.2 Tarefas assíncronas com o Celery

Integrar tarefas assíncronas em uma aplicação Django pode melhorar significativamente seu desempenho e escalabilidade. Celery, uma poderosa fila de tarefas distribuídas, pode processar grandes quantidades de mensagens eficientemente, permitindo que aplicações Django executem operações demoradas de forma assíncrona. Esta configuração é ideal para tarefas como enviar e-mails, processar imagens ou lidar com operações de importação em lote sem bloquear o fluxo principal da aplicação.

12.2.1 Configurando o Celery com o Django

1. **Instalar o Celery**: Adicione o Celery ao seu projeto, instalando-o juntamente com o corretor Redis, que é uma escolha comum para executar tarefas:

```
pip install celery redis
```

2. **Configurar o Celery**: Crie um novo ficheiro **celery.py** no diretório principal do seu projeto (o mesmo diretório que **settings.py**). Este ficheiro irá configurar a sua aplicação Celery.

```
importar os
from celery import Celery
os.environ.setdefault('DJANGO_SETTINGS_MODULE', 'your_project_name.settings')
app = Celery('nome_do_seu_projecto')
app.config_from_object('django.conf:settings', namespace='CELERY')
app.autodiscover_tasks()
```

Substitua **'your_project_name'** pelo nome do seu projeto Django.

3. **Atualize as configurações do Django**: Adicione a configuração do Celery ao seu arquivo **settings.py**. Se você está usando Redis como seu broker:

```
CELERY_BROKER_URL = 'redis://localhost:6379/0'
```

Esta definição especifica o Redis em execução no localhost como o intermediário para as suas tarefas.

4. **Crie Tarefas**: Em qualquer um dos diretórios da sua aplicação Django, crie um arquivo **tasks.py** para definir suas tarefas Celery.

```
from celery import shared_task
@tarefa_partilhada
def add(x, y):
devolver x + y
```

O decorador **@shared_task** permite-lhe criar tarefas sem ter qualquer instância de aplicação concreta.

12.2.2 Aipo de corrida

1. **Inicie o Celery Worker**: Abra uma nova janela de terminal e navegue até o seu projeto Django diretório. Inicie o trabalhador do Celery executando:

```
celery -A nome_do_projecto worker --loglevel=info
```

Substitua **'your_project_name'** pelo nome do seu projeto Django. O worker irá iniciar e esperar pela execução das tarefas.

2. **Chamada de Tarefas Assíncronas**: Agora você pode chamar suas tarefas assíncronas de qualquer lugar na sua aplicação Django. Por exemplo, depois que um usuário se inscreve, você pode querer enviar um e-mail de boas-vindas de forma assíncrona:

```
from myapp.tasks import send_welcome_email
```

send_welcome_email.delay(user_id)

O método **delay** é um atalho para chamar **apply_async** sem quaisquer argumentos adicionais, o que coloca a tarefa em fila de espera para execução.

12.2.3 Melhores práticas para usar o Celery com o Django

1. **Monitorização**: Utilize ferramentas como o Flower para monitorizar os seus trabalhadores e tarefas do Celery. Ele fornece um painel de controle da Web em tempo real para o Celery.
2. **Roteamento de tarefas**: Se você tiver diferentes tipos de tarefas com diferentes requisitos de recursos, considere usar o roteamento de tarefas do Celery para enviar determinadas tarefas para filas específicas que são tratadas por trabalhadores especializados.
3. **Tratamento de erros**: Implemente o tratamento adequado de erros nas suas tarefas. O Celery tem mecanismos incorporados para tentar novamente tarefas que falharam e pode definir uma lógica de tratamento de erros personalizada.
4. **Testes**: Certifique-se de que escreve testes para as suas tarefas para verificar se funcionam como esperado, especialmente as
caminho de execução da tarefa e os seus resultados.
5. **Dimensionamento**: Dimensione seus workers do Celery horizontalmente executando várias instâncias do worker
para aumentar o rendimento e reduzir o tempo que as tarefas passam na fila de espera.
6. **Segurança**: Proteja o transporte do seu corretor e o backend de resultados. Se estiver a utilizar o Redis ou outros corretores, certifique-se de que está protegido e não está acessível publicamente.

O Celery transforma as aplicações Django, permitindo-lhes descarregar tarefas que de outra forma bloqueariam o ciclo de resposta HTTP, melhorando assim a capacidade de resposta da aplicação e a experiência geral do utilizador. Seguindo estas orientações, você pode integrar o Celery em seus projetos Django de forma eficaz, aproveitando o poder do processamento assíncrono de tarefas.

12.3 WebSockets e canais para funcionalidades em tempo real

Incorporar capacidades em tempo real em uma aplicação Django pode melhorar significativamente a experiência do usuário, permitindo atualizações instantâneas, notificações ao vivo, funcionalidades de chat, e mais. Django Channels estende o Django para lidar com WebSockets, HTTP2, e outros protocolos que requerem conexões de longa duração, indo além do paradigma tradicional de requisição-resposta.

12.3.1 Compreender os canais do Django

O Django Channels se sobrepõe às capacidades HTTP nativas do Django, adicionando suporte a WebSockets, que permite uma conexão persistente e bidirecional entre o navegador do usuário e o servidor. Isso é ideal para aplicações em tempo real.

1. **WebSockets**: Ao contrário do protocolo HTTP, que não tem estado e é fechado quando os dados são
transferidos, os WebSockets permitem uma sessão de comunicação interactiva bidirecional aberta. Depois de estabelecer uma ligação WebSocket, o cliente e o servidor podem trocar dados livremente até que a ligação seja fechada por qualquer uma das partes.
2. **Canais**: Ele coloca em camadas o modelo tradicional síncrono de solicitação-resposta do Django, permitindo que o Django lide não apenas com HTTP, mas também com protocolos que requerem conexões de longa duração.

12.3.2 Configurando canais do Django

1. **Instale o Django Channels**: Comece instalando o pacote Channels e suas dependências.

pip install canais

pip install channels_redis # se estiver a planear utilizar o Redis como camada de canal

2. **Configure a aplicação ASGI**: Projetos Django tradicionalmente vêm com um arquivo WSGI.py para lidar com requisições HTTP. Channels adiciona uma configuração ASGI (Asynchronous Server Gateway Interface). Modifique ou crie um arquivo **asgi.py** no seu projeto para incluir o roteamento Channels.

```
importar os
importar django
os.environ.setdefault('DJANGO_SETTINGS_MODULE', 'your_project_name.settings')
django.setup()
aplicação = get_default_application()
```

3. **Atualizar configurações**: Inclua Channels no seu **INSTALLED_APPS** e defina o **ASGI_APPLICATION** para apontar para a sua configuração de encaminhamento.

```
APLICAÇÕES INSTALADAS = [
...
"canais",
]
ASGI_APPLICATION = 'nome_do_projecto.asgi.application'
```

Além disso, configure a sua camada de canal que permite que o canal comunique entre diferentes instâncias de uma aplicação.

```
CHANNEL_LAYERS = {
'default': {
'BACKEND': 'channels_redis.core.RedisChannelLayer',
'CONFIG': {
"hosts": [('127.0.0.1',      6379)],
},
},
}
```

12.3.3 Criação de consumidores

Os consumidores lidam com a lógica de conexão e comunicação. Enquanto as visualizações Django lidam com pedidos HTTP, os consumidores Channels lidam com as conexões WebSocket.

1. **Escrever um consumidor**: Um consumidor Echo simples pode ter o seguinte aspeto:

```
from channels.generic.websocket import AsyncWebsocketConsumer
importar json
class EchoConsumer(AsyncWebsocketConsumer):
async def connect(self):
await self.accept()
async def disconnect(self, close_code):
passar
async def receive(self, text_data):
await self.send(text_data=json.dumps({
'mensagem': text_data
}))
```

2. **Encaminhamento**: Defina uma configuração de encaminhamento para o seu consumidor que indique aos canais qual o código a utilizar
é executado quando uma conexão WebSocket é estabelecida:

```
from django.urls import re_path
de . importar consumidores
websocket_urlpatterns = [
re_path(r'ws/some_path/$', consumers.EchoConsumer.as_asgi()),
]
```

12.3.4 Executar a aplicação

Certifique-se de que executa a sua aplicação utilizando um servidor ASGI que suporta Canais, como o Daphne ou o Uvicorn.

```
daphne seu_nome_do_projecto.asgi:aplicação
```

ou

```
uvicorn nome_do_projecto.asgi:aplicação
```

12.3.5 Melhores práticas para aplicações Django em tempo real

1. **Lidando com problemas de conexão**: Implemente a lógica de reconexão na sua aplicação do lado do cliente para lidar com desconexões ocasionais.
2. **Escalabilidade**: Teste a escalabilidade da configuração dos seus Canais, especialmente a capacidade do seu canal
camada backend.
3. **Segurança**: Autentique as ligações WebSocket e garanta que os utilizadores só podem subscrever os canais a que estão autorizados a aceder.
4. **Gerenciamento de recursos**: Monitorizar a utilização da memória e da CPU, uma vez que as ligações WebSocket podem consumir muitos recursos, especialmente quando são dimensionadas para lidar com muitas ligações simultâneas.

Incorporar WebSockets e Django Channels em sua aplicação abre um reino de possibilidades para funcionalidades em tempo real, tornando sua aplicação Django mais interativa e envolvente para os usuários. Seguindo essas diretrizes, você pode construir aplicações web eficientes, escaláveis e em tempo real usando Canais Django.

Apêndices

Apêndices A: Referência da ferramenta de linha de comando Django

O utilitário de linha de comando do Django, **manage.py**, fornece uma variedade de comandos que são essenciais para o desenvolvimento e administração de uma aplicação Django. Aqui está um guia de referência para alguns dos comandos mais comumente usados:

1. **startproject**:
- Utilização: **django-admin startproject projectname**
- Descrição: Inicializa um novo projeto Django criando a estrutura de diretórios e arquivos de configuração necessários.

2. **startapp**:
- Utilização: **python manage.py startapp appname**
- Descrição: Cria uma nova aplicação Django com a estrutura de diretórios e arquivos necessários dentro do projeto atual.

3. **servidor de execução**:
- Utilização: **python manage.py runserver**
- Descrição: Inicia o servidor de desenvolvimento, permitindo-lhe ver a sua aplicação num browser da Web no endereço local especificado.

4. **fazeremigrações**:
- Utilização: **python manage.py makemigrations appname**
- Descrição: Gera ficheiros de migração com base nas alterações efectuadas aos seus modelos.

5. **migrar**:
- Utilização: **python manage.py migrate**
- Descrição: Aplica migrações à sua base de dados, actualizando o esquema da base de dados para corresponder aos seus modelos actuais.

6. **cria um utilizador**:
- Utilização: **python manage.py createsuperuser**
- Descrição: Cria uma conta de superusuário, que pode ser usada para fazer login no site de administração do Django.

7. **concha**:
- Utilização: **python manage.py shell**
- Descrição: Invoca a shell Python interactiva com o ambiente Django configurado, permitindo-lhe interagir com o código e modelos da sua aplicação diretamente.

8. **coleta estática**:
- Utilização: **python manage.py collectstatic**
- Descrição: Recolhe ficheiros estáticos das suas aplicações e outras localizações especificadas em STATICFILES_DIRS para STATIC_ROOT.

9. **teste**:
- Utilização: **python manage.py test**
- Descrição: Executa testes para todas as aplicações instaladas que tenham um ficheiro **tests.py** ou um pacote **tests**.

Apêndices B: Padrões e antipadrões comuns do Django

Padrões:

1. **Modelos gordos, vistas finas**: Incentive a lógica a residir em modelos (ou serviços) em vez de visualizações. Isso mantém as visualizações mais simples e a lógica mais reutilizável e testável.
2. **Aplicações Reutilizáveis**: Projete aplicações Django para serem reutilizáveis, idealmente com nenhuma ou mínimas mudanças necessárias para incluí-las em outro projeto.
3. **Herança de modelos**: Utilize sabiamente a herança de modelos para evitar duplicações, promovendo a reutilização e a consistência entre modelos.

Antipadrões:

1. **Lógica em modelos**: Evite a lógica complexa nos modelos; é difícil de testar e manter. Os modelos devem ser responsáveis principalmente pela apresentação.
2. **Visualizações gordas**: Colocar demasiada lógica nas suas vistas pode torná-las difíceis de testar e manter. Em vez disso, transfira a lógica comercial para modelos ou camadas de serviço separadas.
3. **Codificação de URLs**: Use a tag de template {% url %} em vez de codificar URLs nos templates. Ela desacopla os caminhos de URL da lógica do seu modelo.

Apêndices C: Recursos para aprendizagem e exploração adicionais

1. **Documentação Oficial do Django**: O primeiro lugar que você deve procurar por guias completos, tutoriais e referências de API.
2. **Tutorial Django Girls**: Um ótimo tutorial para iniciantes que cobre a construção de uma aplicação de blog a partir do zero.
3. **Duas colheres de Django**: Um livro que fornece as melhores práticas e padrões para o desenvolvimento em Django.
4. **Documentação do Django REST Framework**: Leitura essencial se estiver a trabalhar com o Django para construir APIs RESTful.
5. **Desenvolvimento Orientado a Testes com Python**: Centra-se no desenvolvimento orientado por testes (TDD) no contexto de aplicações Django.
6. **Python de verdade**: Oferece vários tutoriais e artigos para desenvolvedores Django de todos os níveis de habilidade.
7. **DjangoCon**: A conferência oficial do Django. Assistir palestras de eventos passados pode ser incrivelmente perspicaz.

Referências

1. Holovaty, A., & Kaplan-Moss, J. (2009). *The Definitive Guide to Django: Web Development Done Right*. Apress.
2. Greenfeld, D., & Roy, A. (2014). *Duas colheres de Django: Melhores Práticas para Django 1.6*. Two Scoops Press.
3. Mele, A. (2018). *Django 2 by Example*. Packt Publishing.
4. Vincent, W. (2019). *Django para iniciantes: Construa sites com Python e Django*. Bem-vindo ao código.
5. Ziade, T. (2008). *Expert Python Programming: Best Practices for Designing, Coding, and Distributing Your Python Software (Melhores práticas para projetar, codificar e distribuir seu software Python)*. Packt Publishing.
6. Heinemeier Hansson, D. (2011). *Desenvolvimento Web Ágil com Rails*. Pragmatic Bookshelf.
7. Tracy, M. (2016). *Django Unleashed*. Sams Publishing.
8. Elman, J., & Lavin, M. (2020). *Lightweight Django*. O'Reilly Media.
9. Percival, H. J. W. (2014). *Desenvolvimento orientado a testes com Python*. O'Reilly Media.
10. Aspen, B. (2017). *Livro de receitas de desenvolvimento web do Django 2*. Packt Publishing.
11. Deb, R., & Mertz, J. (2020). *Django 3 By Example*. Packt Publishing.
12. Feldroy, D., & Feldroy, A. (2020). *Curso rápido de Django*. Feldroy.
13. McGovern, A., & Juckett, J. (2019). *Django eficaz*. Pragmatic Bookshelf.
14. Bennett, G., & Mehmood, R. (2015). *Serviços Web RESTful do Django*. Packt Publishing.
15. Beazley, D. M., & Jones, B. K. (2013). *Python Cookbook*. O'Reilly Media.

Printed by Books on Demand GmbH, Norderstedt / Germany